指尖上的探索

指尖上的探索

国家出版基金项目
NATIONAL PUBLICATION FOUNDATION

## 指尖上的探索

# 探险家都去过哪儿

《指尖上的探索》编委会　组织编写

·第八辑·
科学读本
A本

化学工业出版社
·北京·

探险家是指从事探险的人，他们为了探索新事物或新领域而深入危险或不为人知的地方，用他们的各种新奇发现为整个人类文明的发展注入新鲜血液。本书针对青少年读者设计，图文并茂地介绍了探险家见识世界、探险家驶向海洋、探险家经过山川、探险家奔向极地、探险家挑战宇宙、跟现代探险家学探险六部分内容。探险家们都去过哪里？就让我们去书里追寻他们上天入地的踪迹吧。

　　本书由 A 本和 B 本两部分组成。A 本是科学读本，每一篇启发式科学短文讲明一个与探险家相关的知识点。B 本是指尖探索卡片书，读者可通过精心设计的测试题在探索答案的过程中实现自测。

## 图书在版编目（CIP）数据

　　探险家都去过哪儿 /《指尖上的探索》编委会组织编写. —北京：化学工业出版社，2015.7
　　（指尖上的探索）
　　ISBN 978-7-122-23935-8

　　Ⅰ.①探… Ⅱ.①指… Ⅲ.①探险–世界–少年读物 Ⅳ.①N81-49

　　中国版本图书馆CIP数据核字（2015）第098567号

责任编辑：孙振虎　史文晖　　　　文字编辑：谢蓉蓉
责任校对：陈　静　　　　　　　　装帧设计：溢思视觉设计工作室

出版发行：化学工业出版社
　　　　　（北京市东城区青年湖南街13号　邮政编码100011）
印　　装：天津市豪迈印务有限公司
787mm×1092mm　1/32　印张6　字数170千字
2015年6月北京第1版第1次印刷

购书咨询：010-64518888（传真：010-64519686）
售后服务：010-64518899
网　　址：http://www.cip.com.cn
凡购买本书，如有缺损质量问题，本社销售中心负责调换。

定　　价：28.00元

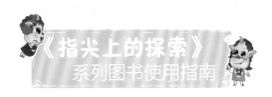

# 《指尖上的探索》
## 系列图书使用指南

　　"悦读名品数字馆·指尖上的探索"是国家出版基金资助项目，包括一个科学在线学习平台（www.zjtansuo.com）和100种精心设计的科普图书，旨在创设全新的科普学习情境，提供科普阅读和学习新体验。

　　每一种纸质图书都由 A 本和 B 本密切呼应组成。

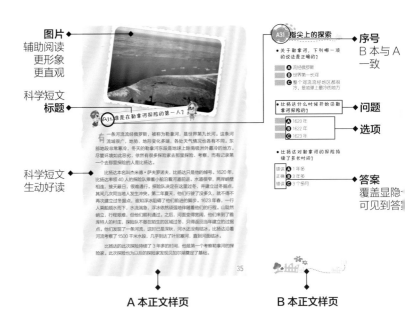

**图片**
辅助阅读
更形象
更直观

**科学短文
标题**

**科学短文
生动好读**

**序号**
B 本与 A
一致

**问题**

**选项**

**答案**
覆盖显隐
可见到答案

**A 本正文样页**　　　　　　**B 本正文样页**

A 本是科学读本，每一篇都是启发式科学短文，充满趣味，开阔视野。每一篇短文讲明一个知识点，语言生动简洁、好看易懂，意在调动读者阅读和思考的兴趣，激发读者探索科学的秘密。

B 本是与 A 本科学短文呼应的小测试题。读者在使用 B 本时，可以根据每组问题上的编号，在 A 本上找到对应的科学短文。

B 本应用了专利设计，用密印方式将测试题的正确答案印在备选答案的左侧，肉眼很难直接看到，读者可以使用随书赠送的显隐卡或显隐灯，探索测试题的答案。

A 本与 B 本的内容编排顺序保持一致。读者朋友们可以边读边测，享受问测式、探索式的阅读体验。

# 目录 Contents

## 第三章 探险家经过山川

### 第四章　探险家奔向极地

## 第五章　探险家挑战宇宙

## 第六章　跟现代探险家学探险

在远古时期，人们对自己身处的世界完全不了解。地球是方的还是圆的？种族生活聚集区之外的区域是什么样的？那里是否会有同类出现？是否真的有数不尽的财宝？种种谜团等待着人类始祖去解开。正是这种种疑问，促使人类祖先开始了最原始的探险。探险是人类认识世界和了解世界最直接的方法，几乎是一种本能的存在。对世界的认识，对知识的渴求，激励着一批又一批的探险家源源不断地涌向陌生的世界。前进、前进、再前进，哪怕前面是一路荆棘，哪怕前面是高山深壑，哪怕前面是汪洋大海，依然不能阻止人们前进的脚步。探险的路途是曲折的，但探险家的认识和发现为整个人类文明的推进注入了新鲜血液。

# 第一章
## 探险家见识世界

## A1. 什么是探险？

什么是探险？你有没有想过这个问题？一起来看看吧！

通常，探险被看作是到从来没有人去过或是很少有人去过的地方考察（自然界情况）。哥伦布发现新大陆、红胡子埃里克发现格陵兰岛等，这些都是广为人知的探险故事。由于科学技术的发展和历史滚滚向前的推进，这个地球上人们没有去过的地方已经不多了，发现新地方的机会也很少了，出现大探险家的可能性越来越小。然而人们未知的区域不仅仅是在地球表面，基础的地理探险随着科技的发展也慢慢演变成多方位、多角度的探险。探险的区域由地球发展到太空，由地表发展到地下，由海洋表面发展到海洋深处。除了这些地理探险之外，根据目的不同可分为多种多样的探险种类，包括军事探险、科学探险、文化探险、发掘文物和冒险旅行等。

无论哪种探险，都需要付出毅力和勇气，都是对未知的探索和发现。从这个意义上讲，我们每个人都是在探险，探索我们未知的人生，创造独一无二的人生价值。在这种探险中，每个人都是探险家，都需要拿出勇气和毅力面对一切。

## A2. 人们为什么爱探险？

人类文明史上涌现出一批又一批的探险家。人们为什么要探险？是什么促使人们不断地向未知世界宣战，哪怕是付出生命的代价？一位探险家曾经说过，探险最吸引他的就是能够在地图的空白之处填上内容。他说的只是一种表象，其实探险的背后还有深刻的意义。

事实上，爱探险可以看作是人类生物学意义上的一种遗传。有生物学家认为，探险的习性源于史前时期，当时地球上生活着两类原始人，一类爱好安稳的定居生活，另一类则乐于冒险向外拓展新的天地。爱好定居者小心翼翼，只会在定居地周围活动，得到的食物始终也只来源于栖息地附近，品种很少。而爱好开拓者虽然冒着很大危险，但是由于积极进取，更容易获得美味的果蔬和种类繁复的猎物，所得食物比较充足。后者更易在地球上生存下来，成功哺育后代的概率也更大。他们更有能力应对复杂的自然环境。经过大自然的优胜劣汰法则，爱好定居者逐渐被淘汰，而拥有探险基因的爱探险的这类人最终在人类发展过程中占据了主导地位。

3

从人类出现后，探险活动就从没有间断过。一路上，人们发现了很多河流、山脉、沼泽，发现了新大陆，开辟了连接各个大陆的航线。而从一个大陆到另一个大陆，是靠海洋连接的。于是，人类开始的探险活动就离不开船只了。

考古发掘表明，大约一万年前人类就开始在海上航行了。一个偶然的机会，落入河流的树干给了人们制作船只的灵感。骑在原木之上，人类向远处漂流。后来人们把原木加多，一根根绑起来，就组成了木筏，不但载重量增加了，而且更坚固。加上帆布，就可以凭借风力漂流得更快，而把木筏前端弄得扁平就可以减小阻力，使速度更快。

当人们把木筏的原料由木头变成莎草或者芦草时，人类的航程就更远了。因为这样的原料不怕水泡，比较耐用。后来人类把原木挖开，就做成了独木舟。但是研究者发现，还是芦草船更耐用，船身面积广，不怕风浪。于是科学家就认定，人类是乘坐着这样的船只，完成了最初的航海探险。

公元前 2900 年左右，古埃及人最先使用帆船，随后帆船一直在人类的探险活动中占据着重要地位。在这样的交通工具中，人类认识了世界，到达了更远的地方，并有了更多伟大的发现。

探险记录作为现代探险家必要的工作环节之一，并非自有探险活动之日起就有的，而是经历了很久的岁月沉淀，其重要性才被人们广为认可。你知道世界上第一部探险记录是谁写的吗？

早在公元前 500 年左右，就出现了世界上第一部探险记录《汉诺航海指南》。从名字你或许就猜出这部探险记录的作者是汉诺。汉诺是迦太基人。迦太基位于现在的突尼斯湾，非洲大陆的北部，是一座极其发达的港口城市。约公元前 525 年，迦太基派出了两支海上探险队，去寻找没有人烟之地的矿藏。第一支队伍向北出发，第二支队伍则向南出发。汉诺就是第二支探险队的队长。汉诺的探险行程被记录在迦太基一座庙宇的石板上：汉诺环绕非洲，并在新地方建立了一座城市，还从非洲带回了很多物品。其实，限于当时的条件，汉诺不可能到达非洲，估计最多到过撒哈拉沙漠后的第一大河塞内加尔河口。看起来没有多远，在当时已经是非同寻常的创举了。

难能可贵的是，汉诺把自己的见闻用文字记录下来，供后来的航海者使用，与他们分享途中的奇遇和需要注意的地方。当时所谓"航海指南"其实是一部"航海图志"。

《地理学》是第一部描述地球的多卷集探险记录，共18卷，其中的17卷都保存了下来。它的作者是希腊人斯特拉波。斯特拉波大约出生于公元前64年，他的人生以公元元年为分界可以分为两部分。他的前半生一直在游历探险，后半生则埋首在《地理学》的创作之中。

斯特拉波出生在土耳其，从小受到良好的教育，多次游学意大利、希腊、小亚细亚、埃及和埃塞俄比亚等地，曾经在亚历山大城图书馆当职员。凭借年轻健壮的身体和广博的学识，他沿着尼罗河探险，到达黑海依然前行很久才返回故乡。他一路上克服了种种困难，随手记载了沿途见闻。回到故乡，他发现这些见闻很有趣味，就下定决心完成一部宏大的著作，把以前探险家所记录的地理景观都记录下来供后人参考。这就是《地理学》的创作灵感。书中描述了海、大陆以及影响到埃塞托斯特尼的气候带等。

这部著作汇编了不少前人的作品，但是也有作者自己的见解。他对已知世界进行分类，成为区域研究的代表，同时注意到人类历史对地理的作用，采用了比较科学的研究方法。

## A6.早期的探险家是怎么认识地球的？

在古代历史上，关于地球是什么形状的这个问题，人们长期争论不下。事实上很早以前，即便是探险家们对地球形状的所知也是寥寥，其中还不乏错误的认识。

有记录最早对地球状况进行研究的是希腊的学者，其中有一位叫泰勒斯的希腊商人。他除了善于经商之外，对几何学、磁学等都很精通。在他眼中，地球是在水中游动的转盘。跟他来自同一个国家的阿那克西曼德也认为地球是一个在水的包围之下的圆盘。他还认为太阳东升西落，但不会掉进地球的大洋之中，否则太阳就会熄灭。所以他推测太阳是藏在东山之后，而山名不为人知，当太阳在山那边运行的时候就是地球的黑夜。同属希腊的另一位地理学家同时也是一位探险家的希罗多德认为地球是在水的包围之下，却是平坦的。而且他认为尼罗河水位冬降夏升，是因为冬季冷风迫使太阳沿着较南路线在河面正上方移动，离河面较近使得海水被蒸发较快，导致水面较低；而夏天则沿着较北路线，尼罗河蒸发较少水面较高。而公元前5世纪的柏拉图认为地球是宇宙的中心，他的学生亚里士多德也很赞同。

事物的发展总是由低级到高级，由落后到进步，由错误到正确。人类在科学探究的道路上，走些弯路是正常的。

在人们确定地球是球体之前,就有人已经测量了地球的圆周。这个人完全无愧于"地理之父"的称呼。他首次提出了地理学这一定义,也首次测量了地球,走在了时代的前列。他就是生活在公元前3世纪与公元前2世纪之交的、来自希腊的艾拉托斯特尼。在当时那样落后的条件下,他是如何测量地球的呢?

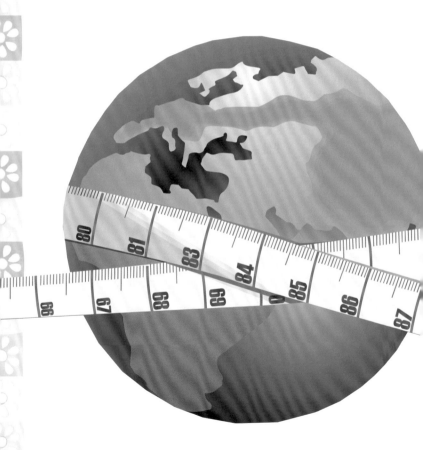

艾拉托斯特尼爱好很广泛，他总结了当时希腊国内智者的知识，编写了著名的《地理笔记》一书。书中描写了当时人们的生活，并在地理上将人类生存的地方分为欧洲、非洲和亚洲三个部分。更值得一提的是，他根据其他探险家的讲述，定义出了赤道，把地球分为五个气候带，即热带、两个温带和两个寒带。他分好了气候带，还用数学方法计算出了气候带的纬度宽度。其中，热带以赤道为中心线，南北纬共48度，寒带距离极地24度，温带处于热带和寒带之间，这样的划分跟我们今天的自然带划分非常接近。根据这些数据，他自己探索了一段路程并准确地进行了测量，他据此近乎精准地推算出了地球的圆周，误差只有半度。这是个令人震惊的成就。

艾拉托斯特尼完成了自己的测量之后，将数据告诉了周围的人。可惜，跟他同时代的人并不能确定地球就是圆的，都认为这个测量推算从方法上就是极其荒谬的，认为是他自己杜撰出来的。有时候，真理只是掌握在少数人手中。

## A8.早期的探险家是怎样在海上测量距离的？

早期的探险是在海上。在一望无际的海洋之上，目之所及都是汹涌的波涛。在这样的环境之中，探险家们怎么知道自己行走到了哪里，该去往何处呢？如果不能测定经度和纬度的数值，那么探险家们就很容易迷失在茫茫大海上。那么，他们是如何测量纬度的呢？

提到测量纬度，就绕不开西帕恰斯，正是他于 2200 年前发明了测量纬度的仪器——星盘。许多海上探险都离不开它，甚至有的船只还以它命名。西帕恰斯把圆分为 360 等分，他并不知道早在他之前苏美尔人就已经把圆等分成 360 度了。他用经纬线把地球绑起来，计算出地球每小时正好旋转 15 度，从而发现了时区。星盘就是依据这样的原理，制作也很简单，将圆分为 360 度，用绳子穿上指针挂在船上即可。用星盘测量北极星与地平线所成的角度，从而就可以计算出所在之处的纬度。艾拉托斯特尼计算出了地球周长，知道了两点的经纬度就能比较容易地计算出两点之间的距离。有了这些方法，探险家们就方便规划探险行程，绘制大概的航海图。

利用星盘测量纬度、计算距离的方法虽然并不能非常精确，但是对于早期探险者而言已经是非常有帮助了。而且星盘制作简单，价格低廉，很快就得到了广泛应用，成了探险者探究世界的好帮手。

早期人们认识地球的时候走了很多弯路,有过很多错误的认识,包括认为地球是宇宙的中心,简称"地心说"。当时抱有这种看法的人很多,其中最为出名的是托勒密。托勒密还有一个伟大的创举:研究先辈们的地理学著作,以星盘发明者西帕恰斯的经纬网为依据,编写了《地理学指南》。另外,他还绘制了与今天的世界地图很接近的地图。

他根据经纬网,把圆分为 360 度,各个地点都注明经纬度坐标,将世界地理画在 27 幅地图上,影响了好几代人,被称为《托勒密地图》。然而,这幅地图有很多错误。他所用的数据是艾拉托斯特尼测量的地球周长,虽然近似正确,毕竟还有误差。在他绘制的地图上,所有的土地都偏移了。地图上还描绘出了欧洲、亚洲、非洲和他特意注明的存在于印度洋南面的南方大陆。

他的这个世界体系不完美,甚至有很大的错误。然而有时候事情就是这样巧妙,正是缘于其中的错误,才促成了哥伦布向西航行想寻找印度,结果终其一生没有找到印度,却阴错阳差地发现了"新大陆"——美洲。当然,他并不知道美洲所在,只是以为西面亚洲离欧洲更近。

从早期的人们骑上偶然落入水中的原木开始漂流时，他们对于海洋的探险就已经开始了。在一望无际的大海上，举目千里，除了偶然相遇的两条船之外，再也寻不到一丝人迹。每一天的航行似乎是前一天航行的重复，这样的探险似乎没有尽头。就在要坚持不住的时候，突然前面出现了一片陆地，是的，发现了"新大陆！"无数次的叹息、无数次的奋斗、无数次的沉默都是为了此刻，都是为了填充人类地图上的空白。这是一个人类探险史上空前绝后的大发现时代，一个个伟大的探险家横空出世，他们的探险目的各有不同，或是为了寻找财宝，或是为了开拓殖民地，或是只为了发现未知的大陆。无论如何，再也没有比这样的发现更能开发人类的品质了。那些伟大的探险家、最初的发现者，也已经成为勇敢、富有奉献精神和牺牲精神的代名词了。伴随着他们的探险，人们慢慢地形成了一个关于地球的整体观念。

第二章

探险家驶向海洋

荷马是一个伟大的诗人，是欧洲文学的始祖，影响了整个西方文学。他的著作有《伊利亚特》《奥德赛》。世界上仅仅是研究这两部史诗的著作就能组成一个图书馆。

古希腊历史学家称荷马为第一位地理学家；甚至说，荷马本身就是一位航海者、一位探险家。这是因为在他的著作中，尤其是叙述海上航行的《奥德赛》中存在着大量关于海洋地理的描述。书中描写了一位英雄奥德修斯海上探险最后回归故乡的奇遇。奥德修斯是一位国王，经历战争之后回到故乡，却被飓风卷到陌生的地方。他从一个岛漂泊到另一个岛上，经历了很多挫折，终于回到故乡。书中的场景描述的都是当时有人居住的地区，而且种种地理描述相当正确。书中还非常准确地描述了当地的季风气候。从上述种种来看，诗人荷马对航海技术和海洋地理非常了解，或许他自己就曾去过书中描述的岛屿探险，或许是他根据从那些岛屿探险归来的人的讲述而编写了这部著作。

其实，荷马其人是否真的是航海家至今仍无定论。不过，无论荷马是不是一个航海家，他在书中都为我们刻画了一个富有探险精神的航海英雄奥德修斯形象，鼓励了很多人像他那样勇于探险，成为人类不可多得的精神财富。

## A11. 红胡子埃里克为什么给格陵兰岛取这个名字？

**格**陵兰岛是世界上最大的岛屿，位于北美洲东北部，是继南极洲之后大陆冰川面积最大的区域，大约有81%的地方覆盖着皑皑白雪。"格陵兰"是greenland的音译，意思是"绿色的土地"。为什么这样一个冰雪岛屿会被取名为"绿色的土地"呢？

说到格陵兰岛，就不得不提一个绰号为"红胡子"的人——埃里克。埃里克本是冰岛的居民，冰岛是个文明之邦向来崇尚礼节，而埃里克却凶猛好斗，一次因谋害了一位居民而被驱逐出境。同他一起离开的还有他的亲朋好友，他们以前听说过新大陆的存在，于是就团结一致，向着传说中的大陆前进。

路途并不是一帆风顺的。当他们看到大陆的轮廓时，大部分同行者已被大风吹散，很多亲人也就这样走失了。最后，剩下的人们到达了这个新大陆。跟传说不同的是，他们眼前的世界分明是个世外桃源。开满野花的绿草地前还有低矮的树木，跟前辈所说的白雪覆盖的世界完全不同。于是他们就定居下来，埃里克给它取名为"绿草如茵"的国度。

也有人说，这个温暖的名字背后暗藏心计。埃里克到达目的地后，看到的确实如传说般，到处是积雪，很少能看到人迹。为了吸引更多的人来此地，埃里克就给这个岛屿起名"绿色土地"，意为土地富饶。这样，果然有很多人慕名而来，并定居于此地。

## A12. 瓦恩兰为什么被命名为"葡萄地"？

胡子埃里克的儿子利弗在父亲命名的格陵兰岛长大，他的童年时光无忧无虑，跟随父辈学习了很多海洋探险的经验。他是最早将货船从格陵兰岛驶往挪威港口的人之一，也正是他给瓦恩兰如此命名。

公元 1000 年，挪威的皇帝邀请利弗接受洗礼，并在格陵兰岛传布教义。利弗欣然前往。当利弗接受完洗礼，乘船返回时，随行的只有传教士和神父。刚开始的航行一帆风顺，船只按照既定的轨道航行。一行人正在大海的怀抱里温暖地徜徉，没有感到危险正在悄悄酝酿。几天的平静之后，狂风暴雨突然袭来，船只遭遇了巨大的风暴，顿时变得无法掌握，像海上无根的浮萍一样，随海浪颠簸。漂浮了几天之后，船只在一处不知名的小岛上靠岸。他们就地安营扎寨，静等天气转好再做打算。他们顺水而居，因靠近水源，生活还算方便，于是建造了房屋，并决定在此地过冬。很偶然的一次，一名手下给利弗拿来了一串野葡萄。于是利弗就给这个地方起名为"瓦恩兰"，意为"葡萄地"。

当第二年春天来临时，利弗一行人便出发返回故乡。他们在来时的船上装满了葡萄藤和岛上野小麦的种子，载着这些货物平安回到故乡格陵兰岛。

好望角最初被称为多难角。因为之前的人们以为，赤道地区就是一个沸腾的锅炉，只要一到赤道，人立刻会被晒成黑炭。去赤道的途中还有一个难过的关口——好望角，这里有一股强烈的洋流经过，涡流卷起浪花，就像刚刚烧开的水锅一样。每当探险队经过这个地方，队员就会非常紧张，强烈要求返航。因此，好望角一直以来都是卡在探险队喉咙上的刺，很难绕过。

较早到这个地方探险的著名的航海家有葡萄牙人迪亚士。迪亚士出身航海世家，祖父和父亲都是资深航海家。受祖父影响，迪亚士自幼就很喜欢探险，并积累了一定的航海经验。为了开辟通往印度的新航线，西欧的探险家都对好望角颇感兴趣，很多人争相前往探险，但都无果而回。迪亚士也跃跃欲试。1487 年，他率领两艘全副武装的舰船和一艘补给船，沿着非洲西海岸向南而行。快要到达好望角时，船长使得队员们无法知道自己所处的地方就是好望角，船才得以悄然驶过且没有引起惊慌。直到船只靠岸，队员们才知道海水根本没有被烧开，心理障碍也就此被清除。1488 年 3 月，他们在非洲最南端的石崖上刻下了葡萄牙国王的名字。当年 12 月，船队安全返回故土。

这次探险，是葡萄牙寻找新航线的重大突破。迪亚士的探险为葡萄牙另一位航海家达·伽马开辟通往印度的新航线奠定了深厚的基础。

克里斯托弗·哥伦布是人类历史上最为出色的海上探险家之一。他于1451年出生于意大利，父母是西班牙人。哥伦布没有受过正规的教育，但从小就很懂事，总帮助父亲干活儿。14岁时，他在船上帮工，到过爱琴海和地中海东部。他仔细研究过天文学和航海学，读过很多书，而且拥有丰富的航海经验。

哥伦布曾和意大利的天文学家、地理学家通过信，谈到自己要探索印度大陆的计划。他认为只要人们一直向西航行就一定能够到达另一个半球大洋彼岸的国家。之所以要向西航行，是因为托勒密的世界地图中测量并不准确，但哥伦布却以此为依据。

他把计划上交给葡萄牙国王，但因有人从中阻挠，计划被退回。有些人把他看作口若悬河的骗子。而当时西方国家对于东方物品如丝绸、瓷器、茶叶以及黄金、香料等奢侈品的需求依赖传统的陆路运输，哥伦布的计划会打破传统运输者的垄断局面，导致这些人也从中阻拦。所以哥伦布不得不从西班牙出发开辟新航道。

哥伦布又去请求西班牙的资助，得到了西班牙教会和贵族的支持，受到国王的接待。西班牙国王任命委员会探讨他的计划，计划却被搁置了4年。他又想方设法依靠弟弟的人脉关系而获得英、法等国的资助，但也无功而返。哥伦布没有放弃，经过20年的努力，最后西班牙国王同意了他组织探险队。

就这样，哥伦布带领着他的探险队，带着给印度和中国皇帝的国书，按照计划向西出发了。这是一个伟大的开端，等待着他们的不是目的地印度，而是一个"新大陆"。

## A15. 哥伦布经历了怎样的探险过程？

在哥伦布的探险队出发70天后，他们看到了第一块陆地。1492年10月12日，对于探险队来说是一个值得庆贺的日子。经历过强劲洋流迷失方向的打击，经过了危险重重步履维艰的马尾藻海滩，他们第一次见到陆地，哥伦布称这块陆地为"救世主"。陆地上的土著居民对他们非常友好，他们以为自己到达了印度，实际上这里是现在的圣萨尔瓦多。探险队员们紧紧盯着当地人穿在鼻孔上的金条，这是西班牙国王准许他们探险的条件，必须找回黄金。由于返航时遭遇暴风雨，哥伦布只带回了几只鹦鹉、6名土著人和少量的黄金。西班牙国王难掩失落，但哥伦布说服国王允许自己进行第二次探险。

事实上，此后他又进行了三次探险，分别是在1493年、1498年和1502年。无论从规模还是结果来看，第二次的探险都是最重要的。这次探险队的方向比上一次向南偏了10度，他们利用风力，20天就穿越了大洋。这次探险，哥伦布下令征服土著人，残忍地捕杀善良无助的居民，并把他们带回去出售。同时他确定自己找到印度，并强制随行人员签署看到印度的协议。第三次探险，他们是去证实前两次发现的大陆。哥伦布返程后被控告为吹牛家和说谎者，被逮捕后又被释放。第四次探险，他带上了自己的儿子费尔南多，带上了当地向导，却因为遭遇最强劲的风暴而耽误了行程。突然在一块海岸转向后，逆风变成了顺风，到达了巴拿马海峡。这一次，大陆被发现了。

哥伦布的大半生都是在精彩纷呈的探险生涯中度过的，他的功绩却是空前却又备受争议的。他开始了大航海时代，开创了新大陆的新局面，同时也开启了罪恶的殖民新篇章。

第一个发现新大陆的是哥伦布吗?你是不是认为这个问题没有什么值得争议的呢?事实上,哥伦布并不是第一个到达美洲的人。

还记得利弗吗?他是红胡子埃里克的儿子,在哥伦布踏足美洲之前,他所发现的瓦恩兰是美洲的一部分。其实早在利弗之前,就有船只进入了美洲。大约是在公元 967 年,一艘海盗船驶入墨西哥湾。海盗头目乌尔曼同自己带领的兄弟们定居在山上,当地的印第安人奉他为首领,接受他传授的耕种和冶金技术。这些都保留在印第安人的传说之中,这些白皮肤人的后代在美洲留下了痕迹。甚至在秘鲁的安第斯山脉生存的一个部落,他们使用黏土制作的花瓶图案正是北欧古文字。在美洲的巴拉圭山上,雕刻的壁画正是海盗船形状。1960 年,挪威人在纽芬兰发现了挪威民族的物品。经过鉴定,这些物品的年代与利弗到达瓦恩兰的时间吻合。据说早在哥伦布之前,欧洲、亚洲和非洲文明的代表就进入了美洲,也积累了很多考古遗迹。

强烈的风暴和洋流总是能帮助人们到达遥远的岛屿,大大增加了探险家们到达新大陆的机会。但是这些对新大陆的偶然探险,并没有使得世界与新大陆的联系增加,也没有被载入地图,所以都不能算得到了"新发现"。只有哥伦布的航行,往返大西洋两岸,才打破了西半球的隔离状态,开启了人类全球化的新进程。从这个意义上讲,毋庸置疑,是哥伦布发现了新大陆。

哥伦布的成功让整个欧洲都沸腾了，大批的实干家、探险家都追随他的脚步前往美洲。吸引他们的是金子，从善良、单纯的土著居民那里可以轻松地得到金子。当然，并不是所有人都是抱着这样的目的，其中就有美洲的命名者——亚美利哥。

哥伦布一生都坚信自己到达的是中国和印度，而他的探险记录只供王室成员阅读，大众根本无法得到。而一位佛罗伦萨的探险家于1507年4月出版了亚美利哥非常重要的两封信：《新大陆》和《第四次航行》，号称发现了新大陆，而对于哥伦布，连一个字都没有提到。根据亚美利哥的描述，世界地图上的格局完全被改变，于是年轻的地理学家马丁建议以亚美利哥的名字命名美洲。在哥伦布发现新大陆的15年后，美洲这个名字才被写入书中。亚美利哥生动地描写了作者到达新大陆时的所见所闻，包括温暖适宜的气候，从没有见过的奇妙植物，以及当地居民怡然自乐的生活态度。亚美利哥所说的新大陆，简直就是天堂所在。

亚美利哥49岁之前只是一个银行的小职员，几乎无任何积蓄。他参加过探险队，经历重重困难，对南美洲东部沿岸进行了细致的考察，并编写了地图。每次航行归来，亚美利哥都要给他的出版商朋友写信。直到他死之后，他的出版商朋友以他的信件为素材而编写的图书才正式出版。亚美利哥甚至不知道以自己的名字命名的书会引起欧洲的骚动。

鲁滨孙是《鲁滨孙漂流记》的主人公。这本书讲的是主人公自己在荒无人烟的孤岛上勇敢生存的故事。在海洋探险史上,真的有这样一位"鲁滨孙",主动请缨在一个小岛上独自生活,他就是第一位生活在赤道以南的欧洲人——水手费尔南多·洛佩斯。

1502 年 5 月 21 日,葡萄牙国王派去印度的探险队满载而归,突然在大西洋的中部发现了一个小岛。因为当天是圣赫勒拿日,人们就以圣赫勒拿岛命名这个小岛。圣赫勒拿岛之所以出名,是因为欧洲人是由它开始移居南半球的。费尔南多本来计划回到祖国的,但当他经过这个小岛时就毅然决然地要留下来。他请求船长让他下船。船长见他执意如此,只好同意,并送给他蔬菜种子和小麦种子。于是,这个自愿充当"鲁滨孙"的探险家就在岛上定居了。他独自生存,日出而作、日落而息,这里的土地慢慢变得富饶,经过辛勤培育,他的蔬菜和小麦长势非常好。后来,葡萄牙的探险家们经常光顾这里,每次都能得到费尔南多的慷慨供给,岛上的储备也日渐丰富。俄国人的探险队也经常考察这个小岛,或者从这个岛上得到供给。

赫赫有名的拿破仑皇帝在圣赫勒拿岛上也曾生活过。他于 1815 年滑铁卢之战失败之后,被流放于此,直到 1821 年死去。

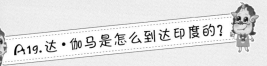
哥伦布发现通往印度的西部航线之后，葡萄牙国王非常着急想要占领来自东方的商路，就下令探险队去印度。领队的不是到达好望角的迪亚士，而是当时一位默默无名的年轻人——达·伽马。这次探险使得达·伽马名垂青史。

队员中除了水手和士兵外，还有死刑犯。达·伽马避开了逆流，大大提高了船速，船员们也没有被神秘的赤道地区吓破胆。但最大的困难在于，在海上4个月都没有看到海岸，船员们由于长时间得不到新鲜水果，患上了坏血病。后来，他们在一个岛上靠岸，得到了大量水果，并逐渐康复。随后，利用季风，他们绕过浅滩和暗礁，来到了印度海岸。这时他们的船只破损已经很严重，队伍也因坏血病减损过半。行至好望角，达·伽马的哥哥也死于这种疾病。埋葬了哥哥后，达·伽马返航。他被誉为"民族英雄"，因为他完成了最艰难的远航。通往印度的航线找到了，最初的贸易联系也建立了。此后的贸易往来船只，一直沿着这条航线上营运了400多年。

在第一次航行之后，达·伽马又进行了两次探险。第二次探险他做过海盗，抢劫船只。国王不满他的做法，下令他回到故乡。直到新国王继位，他才被允许组织第三次探险。第三次探险有一段路程不顺利，许多水手对于坏血病非常恐惧，有一只船上的船员发生了暴动，脱离队伍成了海盗。达·伽马到达印度后，在印度的一座城市建立了自己的统治中心。1524年，64岁的达·伽马死于疾病。

人们认为地球是圆形的，但是从来没有人能够通过自己的探索来证明这一点。当哥伦布发现新大陆，认识到世界是一个紧密联系的整体之后，人们便迫切地想用自己的双脚去丈量这个世界。第一个实现这个想法的是麦哲伦。

麦哲伦出生于 1480 年，是葡萄牙没落的贵族。虽然他并不富有，但是能够接近王室。参军之后，他跟随军队去过非洲等地探险，拥有丰富的航海经验。24 岁开始航海，35 岁时在北非参加战争，腿上落下了残疾。此时的他不只是一位战士，还是一位航海老手。这个外表冷漠的人，并不会像其他人那样追名逐利，他一心一意想着自己的环球航行。他向葡萄牙国王提出探险方案，被国王驳回。于是他放弃国籍，加入西班牙，又向西班牙国王提出自己的环球方案。西班牙国王被他的气质和才华打动，同他签署了探险协议。

1519 年 8 月 10 日，麦哲伦率领着由 5 艘探险船组成的队伍出发了。这注定是一次不平凡的行程。葡萄牙国王得知他的计划，非常担心西班牙会超过自己，就决心伺机搞破坏，在队伍里安插内奸。此行非常艰难，途中经历了一言难尽的磨难。即将完成首次环球航行的时候，麦哲伦非常兴奋。他们在一个小岛上靠岸，麦哲伦插手了附近小岛的内讧。在双方的战斗中，伟大的探险家麦哲伦被大斧砍死。

一个探险巨星陨落了，但是他计划的航行并没有因此搁浅，埃尔卡诺接续了遗志带领船队继续前行。1522 年 9 月 6 日，探险队返回西班牙，人类史上首次环球航行结束了。虽然麦哲伦没能亲自完成计划，但无论是计划的制订还是实施都离不开他的努力与坚持，麦哲伦当之无愧是环游地球第一人。

麦 哲伦的航行是很困难的，其间的经历也是很吸引人的。我们来看看这个注定不平凡的队长有着怎样不同凡响的智慧。

首先是内乱。麦哲伦出发后的第二年，船队进入南美洲。此时的南美是寒冬时节，天寒地冻，探险队的口粮不足，队员们情绪低落。于是3艘船上的队长联合反对麦哲伦，给麦哲伦下了谈判令。麦哲伦假意派人去谈判，暗中杀了叛乱的船长，解决了内乱危机。

再往前走，只有4艘船了。考验他们的是麦哲伦海峡迷宫。海域被冰雪覆盖，船只在这样的海面上行走非常危险。麦哲伦并不知道自己离目的地已经很近了，做出了错误的判断，下令队伍停留两个月，静等春天来临。但他最终还是战胜了犹豫，调整队伍重新出发，在海峡狭窄的山系间穿梭。麦哲伦的机智和经验使他们绕过了暗礁和浅滩，经过38天的迷途，船队终于找到了出口。

但等待他们的是更多的困难。接近出口时，大家觉得幸福的时刻来临了。正要欢呼时，他们发现看不到最大的"圣安东尼奥"船了。于是四处寻找，但是丝毫没有发现它的踪迹。只有一种可能，船只逃回了。更糟糕的是，粮食主要都储存在这只船上。这剩下的100多天内，他们吃的是已经长满蛆虫的面包末，喝的是浑浊的发臭的黄水。最后，他们不得不吃老鼠，还有捆绑用的牛皮绳，甚至是木头屑。

这一路是多么艰难啊，但是麦哲伦一直没有放弃，直到最后丢掉性命。

## A22. 亚马孙河是依据什么命名的？

美洲被发现后，人们急于探索这个新世界。其中有很多发现，包括对世界第一大河的发现。在南美洲有一条著名的河流——亚马孙河，是世界第一大河，总流量比排名其后的尼罗河、长江、密西西比河的总和还大。你知道亚马孙河的名字是怎么来的吗？

1541年，著名占领者皮萨罗的弟弟贡萨洛率领一支庞大的探险队伍去寻找黄金之国。这支队伍翻山越岭，来到一片沼泽地带，这里遍布危险，队员们随时都有失去性命的可能。队员们忍受着饥饿，同时还面临着疾病的肆虐，每天都会倒下上百人。贡萨洛决定返回，这之前需要储备粮食，于是他就派了由奥雷亚纳领头的小分队沿河寻找食物。但是贡萨洛空等了很久，那支小分队中没有一个人返回。贡萨洛只得带领其他人草草上路。

半年之后，他们等到了回到故乡的探险小分队的报告。原来奥雷亚纳一行乘着小舟沿河漂流，被湍急的河流冲到更为宽广的河面上。在河面上漂流了10天之后，他们才发现有人的小村，但是回去的路已经难以分辨了。他们逆流而上，来到一处看不到两岸的河流之上。报告中还说到，他们曾经被袭击过。发起袭击的是当地部落里的女勇士，个个都是大高个子，皮肤白皙，手持弓箭进攻。他们好不容易才得以脱身。他们联想到古希腊神话中的一种女战士"亚马孙"，就把袭击者比作亚马孙，也将这条宽广的大河命名为"亚马孙河"。

佛罗里达的意思是"开满鲜花之地"。佛罗里达位于美国东南部，那里气候适宜、风景迷人。洁白的沙滩，耀眼的阳光，风情款款的棕榈树，一切都让人流连忘返，不禁让人感叹给它取名的人是多么睿智。当然，探险家发现佛罗里达的过程也是一个美丽的故事呢！

佛罗里达的发现与西班牙贵族杰·莱昂息息相关。他曾参与哥伦布向西航行的探险，是第二次航行的参与者。他从印第安人那里听过有关"不老泉"的传说，在比米尼岛有一种能让人永葆青春的"圣泉"。于是国王下令杰·莱昂带队找到"圣泉"，并夺为己有。

杰·莱昂带领探险队于1513年出发。水手们曾在各种水里游泳过，却没有一种水让他们变得年轻。复活节时，他们发现了一处神秘美丽、气候宜人的地方，就把这里命名为"佛罗里达"，意为"开满鲜花之地"。探险队为了找到不老泉，就继续出发了。他们发现一股洋流急转向北，给那里带去了温暖。这就是墨西哥暖流，它是使得佛罗里达温暖宜人的直接原因。

## A24. 海盗也是海上探险家吗？

海盗是海上从事打劫的一类人，即海上的盗贼。但有时候海盗们也是探险家，有些海上发现还是海盗们完成的呢！自有海上航行之时，海盗们就有了活动空间，16世纪之后他们的活动越发猖狂。而有的海盗还是"奉旨行盗"呢，最为著名的就是英国的弗朗西斯·德雷克。

有时候为了争取没有开辟的航道，海盗们不得不变成探险者，并做出了不小的奉献。1567 ~ 1568年，德雷克参与了约翰·霍金斯的海盗船队，向大庄园出售奴隶。其间海盗船队中有5艘船被西班牙人掠走，只有德雷克任船长的船只回到了英国。他讲述了探险途中的遭遇以及途中的见闻。别人把他当作说谎者，但是英国女王听说后，下令派遣德雷克带领探险队去北美洲。女王鼓励他们袭击西班牙，并拿出钱武装海盗船，获得收益大部分献给女王。

1577年12月13日，德雷克率领4艘大船和两艘小船驶向北美洲。他们在麦哲伦海峡遭遇了无情的风暴，整整52天没有停歇。风暴将德雷克的船只吹到了火地岛以南，到达一处广阔的海域。这样德雷克发现了南美的南端，以及在美洲和南极洲大陆之间的通道。这条通往太平洋的新路被称为德雷克海峡。他继续向北行驶，发现原有地图对南美洲的绘制是错误的。经过修正，地图上南美洲轮廓更为接近真实了。

德雷克的探险持续了将近3年，是继麦哲伦和埃尔卡诺之后的第二次环球航行。归国之后，伊丽莎白女王授予他男爵称号。可以说，他就是英国的"皇家海盗"。

## A25. 海盗中有科学家吗？

海盗一般对金钱财宝之类非常感兴趣，他们从事海盗活动的目的也是得到金钱财宝。然而你知道吗？海盗中也有科学家。德雷克的老乡威廉·丹彼尔就是一位海盗科学家。

丹彼尔出生在英国，做过水手，积累有海上航行的经验。他后来参军成为皇家海军，并参加战争。在军队里他和别人思想不同，于是转而参加了海盗集团。他不像别的海盗那样对钱物痴迷，而是一心扑在气象、海洋生物和海洋地理方面的研究上。1688 年，丹彼尔及其团伙在打劫西班牙船只时，为了绕开西班牙人的追击，选择了少有人经过的航线，来到了一块没有记载的大陆。丹彼尔断定这是一块新大陆。1691 年他回到祖国，整理自己的探险记录并于 1697 年出版了《新环球旅行记》，引起了极大轰动。1700 年，他作为皇家海军军官带领探险队再次来到当年逃亡过程中偶遇的"新大陆"，他驾着小船沿着海岸线考察了 1000 千米，并宣布这里是英国女王的领土。丹彼尔所谓的"新大陆"就是今天的澳大利亚大陆。他继续带队考察，并绘制了完整的南太平洋地图，让世界第一次认识了这片神奇的海域。回国后，他发表了一部气象学著作《风论》，对气象规律进行了总结。1709 年，他在探险途中发现过一个身披羊皮的野人，并记录下来，后来成为笛福作品《鲁滨孙漂流记》里的主人公原型。

1715 年，丹彼尔在伦敦去世。虽然他曾是一位海盗，但是他对于科学研究做出的贡献是不能被忽视的，他更是一名优秀的探险家、科学家。

**1496** 年，英国国王颁布了一纸令书，赋予英国人约翰·卡伯特航行到东、西、北部海洋的地方和海岸探险的权利。卡伯特是哥伦布的老乡，做过水手和商人，曾乘坐威尼斯的商船去过中东。后来在英国布里斯托尔定居，曾带着自己的3个儿子去航行。

1497 年 5 月，卡伯特自费率领一艘船，一行 18 人往北大西洋方向前进。路上，他们遇到过被雾气包围的冰山，遇到过风暴，幸运的是都躲过去了。沿着既定航线航行，他们很快发现了一座岛屿。该岛屿的浅滩有丰富的鲱鱼资源，那里其实是纽芬兰岛。返回后，他声称自己发现了中国富产鱼的地方。这种看法今天看来当然是错误的。不过这是继斯堪的纳维亚人后第一次到达北美大陆的探险活动。第二年，由于第一次的探险而获得掌声和关注的他开始了第二次探险。这次探险的目的其实是寻找香料和黄金。这次的探险队伍扩大为5艘船，他们到达了一块陆地。这里的人穿着皮毛，看不出来有任何出产香料和黄金的痕迹。卡伯特觉得这里既不像印度又不是中国，非常失望。队员们也开始了暴动，卡伯特只得返航，途中因病去世。

卡伯特去世后，他的二儿子萨巴斯蒂昂继承了他的遗志寻找西北通道。但进行了两次探险也没有找到。

卡伯特去世后，他的儿子萨巴斯蒂昂并没有放弃寻找航道的想法。萨巴斯蒂昂继续了两次探险依然没有找到新航道，但是此后也未就此罢休，而是通过另一条道路来践行这一想法：集合有钱商人成立一个探险协会，组织人力共同开辟航道去中国。萨巴斯蒂昂相信通过探险一定能够找到中国和印度。

探险协会花巨资购买了 3 艘船，让贵族休·威洛比做队长，让富有探险才能的钱瑟勒做他的副手。威洛比尽管是领队，但是他并不擅长探险活动，也没有充足的经验。1533 年 5 月，探险队在众人的隆重欢送下驶向远方。然而失败接踵而至，船队刚刚到达欧洲北端，逆风就阻碍了他们的船桨，风暴把船只吹散了。威洛比无法看到钱瑟勒的船只，只好独自带船前进。刚刚驶离新地岛，船只严重进水，威洛比便决定返航。为避免遭遇浅滩，他下令船只向西航行。一个月后他们到达巴伦支海域，靠近一处陆地，此时已经进入冬季。威洛比的航海日记中这样写道：天气非常糟糕，寒冷、冰雹和白雪把我们包围，大家一致认为应该在这里过冬。夏天来到后，当这艘船被找到时，船上 63 个人已经全都死于寒冷或者坏血病。

而钱瑟勒则经过千辛万苦到达了俄国，见到了沙皇伊凡四世，成为第一个见到俄国最高统治者的英国人。这次探险的成功，使得"莫斯科公司"被英国商人创办起来，以利用新的机会与俄国形成贸易往来。然而，寻找通往中国航道的计划依然没有完成。

卡伯特之子萨巴斯蒂昂

31

拉布拉多半岛位于北美洲，是加拿大东部的半岛。它是北美洲面积最大的半岛，也是世界第四大半岛。岛上有很多湖泊，人口并不多。除了在温凉的夏天，其他时间地表都是一片冰雪。所以岛上居民多从事捕鱼、打猎和加工毛皮等工作。拉布拉多半岛为什么会被命名为"耕种者"呢？这还要从头说起。

英国皇家海盗到北美洲探险，取得了一些成就。葡萄牙人听说之后，害怕自己海上霸主的地位受到威胁，于是赶快派出了自己的探险队也前往北美洲。1500年6月，加什巴尔·科尔基利阿尔率领两艘船出发去北大西洋。出发前，葡萄牙国王还给他颁发了一纸证书，证明他拥有发现和找到一切大陆的权利。他来到拉布拉多半岛，以自己的名字命名，在葡萄牙语中意为"耕种者的家园"。船上的水手们在岛上发现了当地的爱斯基摩人。他们的生活方式与水手们过惯了的生活方式完全不同：男人们负责打猎和建筑房屋，女人们则主要负责制作毛皮和缝纫。岛上有茂密的森林，水手们发现了丛林中的劳作者，认为他们很适合被带回去种植林木和做种植场的奴隶。返回时，探险家们就带上了一些"耕种者"和一对白熊。

一年之后，探险家们再次来到拉布拉多半岛考察。这次的船只比上次多了一艘，他们带回了更多的爱斯基摩人，以及这个被森林和冰雪覆盖的神奇小岛的资料。只是返回的时候，科尔基利阿尔所在的船只远远落后于其他两艘船，最后甚至消失了。1502年，科尔基利阿尔的弟弟米格尔去寻找消失的船只，也在途中消失了。

在俄罗斯的北方有一块神奇的地方，这里海水清澈透明，南部海域甚至终年不冻。你甚至能够看到可爱的海豹及北极熊们和它们稚嫩的小宝宝在水里嬉戏。在北冰洋终年白雪覆盖之地显得那么与众不同。这片海域就是巴伦支海，其名字是为了纪念一位探险家，一位为航海事业献身的探险家——巴伦支。

当英国人在开辟通往中国的航线上苦苦努力之时，一位年轻的探险家巴伦支也开始了他的探险。1596年，巴伦支开始了他生命中的第三次探险，前两次并没有什么建树。巴伦支的探险队顺利通过了巴伦支没有冰封的海域，并继续向北。7月19日，他们看到了一座尖顶山脉，命名为"斯匹茨卑尔根"。巴伦支带队探险的这次航行，还刷新了人类北进的新纪录，到达了北纬79°39′的地方。队伍从这里分成两队。巴伦支带领一队艰难地穿越冰层，他们是第一批在北极过冬的欧洲人。这里异常寒冷，并且还有来自北极熊的攻击。巴伦支鼓励大家顽强生存下去，然而自己却已是病入膏肓。队员们普遍面临着坏血病的威胁，巴伦支也不例外。1597年6月20日，巴伦支死在一块浮冰上。按照传统，他的尸体被投入大海。

直到1871年，一位挪威的航海家再次来到巴伦支过冬的地方探险，很偶然地在烟囱里发现了当年巴伦支藏在那里的一份手稿，里面还有非常精确的航海地图。这为以后的探险家们提供了非常有价值的参考。巴伦支死后250年，人们以他的名字给北冰洋位于斯匹茨卑尔根和新地岛之间的海域命名，以此纪念这位卓而不凡的探险家。

**探**险家并不总是都能安然归来，并得到大家的掌声和鲜花，拥有令人羡慕的光环。有的会像巴伦支那样在探险中献出自己的生命，还有的结局更是令人难以预料，比如哈德逊。

亨利·哈德逊是英国的一名船员，1607 就职于英国的莫斯科公司。哈德逊负责找到直接通向日本的北线。哈德逊的两次探险都发现了鲸鱼，引起了西方世界的捕鲸热潮，但是并没有给莫斯科公司带来什么经济效益，因此他被公司解聘。哈德逊转而去了荷兰的东印度公司，而等待他的是同样的任务。哈德逊尝试走西北线到达太平洋，但仍没有完成目标。他又回到了东印度公司并同时受聘于莫斯科公司。这次他得到了一艘"发现号"船和 23 名船员。1610 年 4 月 17 日，哈德逊又开始了探险。这次他带上了自己年幼的儿子，不曾想这次探险竟成了他人生中最后一次探险。"发现号"在冰冻的航道上行驶，风暴甚至能吹裂冰层。哈德逊继续前行，此时海湾变得很狭窄，船员们非常不满，想要返回。哈德逊把肇事者赶下船，任凭他们在岛上自生自灭。坏血病这次没有袭击他们，燃料食物也够充足，哈德逊满心期待春天来临，计划再次寻找海峡。此时，船员们再也坐不住了，暴乱又开始了。不过，这次被赶下船的是队长哈德逊、他的儿子以及坚持追随他的 7 名军官。

暴乱者什么都没有给他们留下，没有武器，甚至没有粮食。他们的结局不得而知。人们都认为这位执着的探险家丧生在他所追求的梦想之上，于是以他的名字命名了哈德逊湾、哈德逊郡、哈德逊海峡及哈德逊河。

## A31. 谁是在勒拿河探险的第一人？

**有**一条河流流经俄罗斯，被称为勒拿河，是世界第九长河。这条河流域很广，地势、地形变化多端，各处天气情况也各有不同。东部地段非常寒冷，冬天的勒拿河东段是地球上除南极洲外最冷的地方。尽管环境如此恶劣，依然有很多探险家去那里探险、考察，而有记录第一个去那里探险的人是比扬达。

比扬达本名叫杰米德·萨夫罗诺夫，比扬达只是他的绰号。1620年，比扬达率领40人的探险队乘着小船沿着河道前进。水道很窄，两岸峭壁相连，接天蔽日，很难通行。探险队决定在这里过冬，并建立过冬据点，其间几次同当地人发生冲突。第二年夏天，他们行驶了没多久，就不得不再次建立过冬据点，谁知浮冰阻碍了他们前进的脚步。1623年春，一行人乘船顺水而下，水流湍急，浮冰依然顽强地伴随着他们的行程。山陡然峭立，行程艰难，但他们顺利通过。之后，河面变得宽阔，他们来到了雅库特人的村庄，探险队不敢在陌生的区域过冬，只得返回当年建立的过冬据点。他们发现了一条河流，这时已是深秋，河水还没有结冰。比扬达沿着河流考察了1500千米水段，几乎到达了叶尼塞河，直到河面结冰。

比扬达的此次探险持续了3年多的时间，他是第一个考察勒拿河的探险家。此次探险也为以后的探险家发现贝加尔湖奠定了基础。

## A32. 贝加尔湖是怎么被发现的？

**被**称为"西伯利亚明眸"的贝加尔湖是世界上最深最大的淡水湖，其中储蓄的淡水占世界淡水总量的20%。这样一弯月牙形状的深湖不但容量大，而且清澈透明、景色优美。汉朝时期苏武牧羊的故事就发生在贝加尔湖畔。这么个大湖是怎么被发现的呢？

比扬达考察了勒拿河之后，探险家对这片河域又做了多次考察，人们慢慢地把目光聚焦到美丽的贝加尔湖周围。最先到达贝加尔湖的是库尔巴特·伊万诺夫，他于1643年7月率领74人的探险队来到此地。他们发现了湖中的一座小岛。他自己留在湖边继续考察，派遣了一小队人马沿着湖岸向更远的地方探索，去向安加拉河流入湖口的地方。入冬后，这一小队人马不畏严寒，又沿着冰面来到巴尔古津河，在那里探险队遭遇了当地人的抵抗，全军覆没。而伊万诺夫在贝加尔湖做了考察，并绘制了地图记录详细情况，可惜的是地图丢失了。

后来又有很多伊万诺夫的老乡乘船来此，沿着冰面考察。1647年5月，伊万·波哈博夫组织了一个100人的大队伍来到这里。他们走遍了贝加尔湖的各处，并于1661年在安加拉右岸建立了一座城堡，后来发展为伊尔库茨克城。

夏日的贝加尔湖晶莹透明、璀璨夺目，但冬日的贝加尔湖则被冰雪覆盖，无论是乘船还是步行都艰难。探险家们不畏艰难，一批又一批来到此地，是他们的努力才让世人了解到了这个迷人的地方。

**1724** 年，彼得大帝成立了彼得堡科学院。为了证明自己认为亚洲和美洲相连的臆想，彼得堡科学院成立后的第一项任务就是"沿着陆地北上，找到它与美洲相接的地方"。他把这个光荣而艰巨的任务交给了一位天才探险家——时年44岁的维图斯·白令。白令原籍丹麦，在俄罗斯服役20多年，中学毕业后去了当时被称作最好的阿姆斯特丹海军士官学校，22岁时就沿着达·伽马航线完成了去印度的航行。他天才般的胆识深受彼得大帝赏识。

白令率领400名探险队员乘坐25辆雪橇，带着重达1600吨的装备出发了。夏天乘坐大木筏和小船，冬天则顺冰而行，走过无人之地，穿过雪山冰原来到鄂霍次克。一路上遇到了重重困难，有人倒在漫天风雪中再没能站起来，有人偷偷逃跑一去无回，最后的行程探险队粮食短缺，人们不得不杀马充饥。这一切并没有吓退白令，忠于职守的探险家还是坚持到了最后。1728年，白令一行来到卡姆察卡东海岸。然后，他们又一路向北穿过今天的白令海、白令海峡。在白令海峡的尽头，大家一眼望出去只是白茫茫一片，人们欢呼雀跃，他们认为他们确证了亚洲和美洲并不相连，中间隔着海洋。由于天气原因，白令及其探险队并不知道白令海峡其实很狭窄。

1730年3月，白令结束行程返回圣彼得堡，但政府部门认为白令及其探险队走得不够远，所以并不相信探险队的成果，甚至连报酬都不支付。

37

**俄**国海军部和科学院后来派遣白令绘制西伯利亚北部和东部海岸的地图。1733年,集合数百探险者的队伍出发了,队员们开始了漫长的勘探行程。

1741年6月,两艘满载探险队员的船一同出发。白令担任第一艘船的船长,参加过首次探险的阿列克谢·奇里科夫担任第二艘船的船长。开始的一个月,两艘船相伴而行,但走着走着就失散了。

白令的"圣彼得号"7月中旬再次通过海峡,比奇里科夫的"圣保罗号"晚了一个月。正值夏天,海峡对岸雄伟的阿拉斯加山脉正在眼前。这下白令确信自己身处的是一个海峡,也再次确定两个大洲被一个狭窄的海峡隔断。此时白令正在为整个探险队的命运担忧,他并不知道自己所在的具体位置,也无法预知另一艘船的遭遇。更糟糕的是,他觉得自己的身体出了毛病,有了坏血病的症状。他们继续西行,发现了一座并不大的小岛。他没有上岛,而是派了一些队员上岸取淡水,并同意一位博物学家上岸考察。考察只进行了10个小时,他们发现了一些鸟类。没有来得及做细致的考察,因为队长归心似箭,他预感到探险队正面临着灾难。返回的途中又发现了一些小岛,同时也有队员因为坏血病死去。11月初,风暴将船推入一个无人认识的小岛,队伍只得在此过冬。队员们上岸挖了窑洞,此时已有20人死去。白令在洞中躺了一个月就去世了。

1742年"圣彼得号"幸存的队员返回,他们的船长却被留在白令岛上。为了纪念他,人们把他长眠的小岛称作白令岛,把他发现的海峡称为白令海峡。白令的探险成就,刺激了俄国人的扩张热情。

## A35. 毕比的探险和其他海洋探险家有什么不同？

毕比是英国著名的自然学家，同时也是探险家。多数探险家从事的都是海面以上的探险活动，而毕比却特立独行，在海底世界探险中大展身手。他是怎么做到的呢？

海底世界是一个神秘的所在，如果没有防护装置的保护，深海的水压能使人变得神志不清。那怎么能深入海底呢？要利用什么样的工具才合适呢？毕比正在发愁的时候，一个名叫奥蒂斯·巴顿的年轻工程师走进他的生活，并带来了自己设计的图纸。图上有一个空心钢球，被绳子吊着沉下水底。他们就按照图纸的设计生产出了一个空心金属球潜水器，有两个小小的石英板观察窗。

1934年，毕比和巴顿一起组织了探险队，开始进行深海探险活动。金属球潜水器被放在海面上，慢慢沉落在海中。第一次下潜，金属球潜水器就下沉到3620米深处。回到地面后，他们进行了改装。第二次下潜，他们到达4500米左右深处。从观察窗望出去，四周是一个看不远的世界，在探照灯的照射下显示出朦胧的美景。这是人类最早的深海探险。后来，毕比还创作了一本海底探险书。

毕比的这次海底探险大大激发了人们对于海底这个未知世界的探险兴趣，从此探险家慢慢进入这个领域，创造了一个又一个世界纪录，使人们对于海底世界的了解也越来越多。

徐福是秦始皇时代的一个著名方士，即方术士。据说他是鬼谷子先生的弟子，通晓多门知识，医学、天文、地理、航海等都不在话下。

秦始皇时期，方士待遇通常很好，徐福也算是皇帝身边的红人。他上书给秦始皇说海中有三座仙山——蓬莱、方丈、瀛洲，而且三山上有神仙居住。于是秦始皇就派遣他率领童男童女数千人，准备好必需的物资出发去探险了。但是他们寻找了很久，也没有找到神仙。后来，他又告诉皇帝说海上有鲛鱼作乱，请求支援。皇帝还派人射杀了大鱼。可是从此之后，徐福就杳无音信了。

徐福到底去寻找什么了，现在人们依然没有对这个问题达成共识。总的来说，有三种看法。最为通行的是求仙药说。秦朝时方术很流行，作为方士，为始皇寻求不老之药是很有可能的。有一部分人认为，他是为了逃避灾乱。有学者认为秦始皇实施暴政，很多人不满。徐福作为知识分子，很有可能表面上借寻找仙药之名，而实际上是效仿陶渊明《桃花源记》里的人去寻找世外桃源。还有一部分人则认为秦始皇是为了开发海外，开拓疆土，于是派懂得航海之术的徐福前去探索，以扩大版图。

徐福的探险之旅究竟在寻找什么？争论仍在继续，研究也没有止步。但他的探险精神和探险行为在中国探险史上已经留下了浓墨重彩的一笔。

**唐**朝时佛学很发达，并影响到了周边的国家。很多外国人想向我们学习，其中就有邻国日本。公元742年，日本僧人荣睿跟随遣唐使来到唐朝，邀请唐朝高僧前往日本弘扬佛法。他们久仰鉴真大名，便特意来到鉴真处恳请他派人东渡。

鉴真被他们的诚意打动了，就问在场的30名弟子有没有愿意前去的。大家环顾四周，无人应答。是啊，从长安到日本，这一去是多么危险啊，恐怕是有去无回啊！鉴真看到这种情况，毫不犹豫地下定决心说道："弘扬佛法，死亦在所不惜！"弟子们感动了，立即表态愿意跟随前往。公元742年，鉴真第一次东渡。但是法律不许私自出国，违者严加惩处。鉴真还没出发，就有人告状，他们的船只被没收，众僧被投入监狱。公元743年12月，鉴真第二次东渡。船只遇到狂风暴雨，他们落入水中，被卷上沙滩。第三次，船只触礁，他们幸好得到渔夫搭救才拾得性命。第四次，他们受到当朝阻拦，没有成功。但四次失败没有吓倒鉴真，他于公元748年准备第五次东渡。鉴真和他的随行者们躲过了风浪，忍受饥渴，在海上漂流了七天七夜，来到一块陆地。他们以为来到了日本，谁知是海南岛南部。他们返回时道路艰难，鉴真还在途中失明。5次东渡都没有成功，但是鉴真坚持不懈的事迹打动了日本天皇。公元753年，日本遣唐使藤原清河和日本学者阿倍仲麻吕共同拜访鉴真，诚挚邀请鉴真一同东渡。此时的鉴真已是66岁的老人了，但当年10月，他们还是来到日本实现了自己的理想。

公元763年，鉴真在日本的奈良去世，享年76岁。鉴真东渡不仅为佛教事业做出了贡献，同时也促进了中日两国之间的友好交流。

以往的探险家出行，人数都不固定，最多不过上百人。而在中国明朝，郑和的探险队伍竟达数万人，规模之大无人能及。

郑和本来姓马，小名三保。明朝初年，他进宫做了太监。他自小就在明成祖朱棣身边，跟着他南征北战，在"靖难之役"中建立功勋。朱棣登基之后，赐姓郑。明成祖即位后，为了扩大对外影响，决定派郑和出使西洋，与其他国家建立联系。

1405 年 7 月，郑和率领 27800 人，带着数不清的丝绸和瓷器，从南京起航，开始了他的第一次航行。此次他们来到印度半岛，受到了当地人的热烈欢迎。

1407 年 10 月，郑和第一次航行归来不久，就开始了第二次行程。这次来到爪哇国，同爪哇国建立了友好往来。后来到达印度锡兰，向其国王赠送明朝的国礼，还在当地佛寺建立了石碑。

1409 年，郑和三下西洋，再次到达锡兰。此次返程，有 19 个国家的使节随行来明王朝的都城进行访问。

此后几年，郑和又进行了 4 次航行，每到一处都同当地的人们进行贸易往来，递交明朝国书，同修共好。当地人们争着用珊瑚、珍珠、宝石等交换明王朝的瓷器、丝绸。郑和率领的船队是当时世界上装备最先进的，队伍里的船只分类很细，包括宝船、马船、战船、座船、粮船、水船等至少 6 种。而且船上都配备有战斗员和火力，负责保卫探险队的安全。

郑和七下西洋，促进了明王朝与邻近各国的交流，扩大了对外影响；同时郑和绘制的《郑和航海图》也对后来的航海业提供了重要的参考和借鉴之处，是航海史上的伟大创举。

## 39. 谁首次漂流长江？

长江是中国最长的河流，也是世界第三大河，气势磅礴，奔腾不息，滚滚向前，在世界上也是赫赫有名。世界上的其他河流如亚马孙河等都有著名探险家的漂流纪录。

直到 20 世纪 80 年代，长江探险才有人问津。1980 年，美国人肯·沃伦宣布要在 1985 年 8 月组织探险队来填补长江探险的空白。这一挑战刺痛着一位中国人的心，他就是长江之子尧茂书。尧茂书是四川人，在一所大学任教室摄影员。1979 年他就萌生了考察长江的计划。1983 年就曾自费去长江源头探险考察的尧茂书，听到这个消息时便决定 1985 年漂流长江：怎么能让外国人捷足先登？

1985 年 6 月，尧茂书和哥哥尧茂江来到长江源头唐古拉山探险。兄弟俩共同完成了 300 千米的沱沱河漂流后，哥哥假期已满，只剩尧茂书一人面临接下来的挑战。7 月 2 日到 23 日，他完成了通天河的漂流。途中他忍受着孤独，几次遭遇翻船、泥石流甚至被狗熊吃掉的危险。狗熊把他的食物吃光了，尧茂书只好饿着肚子，直到碰见好心的藏民。接着他来到金沙江，这是长江漂流最危险的一段——被称为"魔鬼大峡"的虎跳峡。只要安全渡过虎跳峡，他离成功就不远了。不幸的是，在他漂流金沙江的第二天，于通伽峡翻船遇难，最终没有到达虎跳峡。

消息传来，人们万分悲痛，同时被他英勇无畏的精神感染着，掀起了长江漂流的热潮。在他离开一年后，中国长江科考漂流探险队和洛阳长江漂流探险队历尽千难万险，终于完成了长江全程漂流。

## A40. 谁首次漂流黄河？

**1985** 年7月遇难的尧茂书的探险精神激励着炎黄子孙，很多人都想像他一样成为男子汉，完成他未竟的事业。在洛阳长江漂流探险队踏上长江上游的同时，北京人桑永利，也来到了黄河的源头，计划只身漂流黄河。

他形单影只地漂流在母亲河黄河之上，可是这个世界第五大河一点儿也不比长江温顺。桑永利的黄漂行程只进行了 32 天，便在兰州河段结束。他带去的 6 只橡皮筏毁坏殆尽。

"北京青年黄河漂流探险科学考察队""河南黄河漂流探险队"和"我爱马鞍山中华黄河漂流考察队"三支漂流队在 1987 年 4 月，几乎同时出发漂流黄河。桑永利参加了"北京青年黄河漂流探险科学考察队"。三支探险队时聚时散，一路遭遇了很多重大挫折，经历了种种困难，终于在 9 月底结束了探险，差不多同时完成了黄河第一漂的全程。同时他们也为这个成就付出了惨重的代价。最为惨烈的是"河南黄河漂流探险队"一船翻船，4 人遇难，仅 1 人生还。

黄河的源头是在中国的青海省境内，在黄河的上游考察要经历严寒、缺氧、冰冻等恶劣天气，强烈的紫外线和长久的风吹甚至能将人的嘴唇撕裂成几瓣；同时，在漂流中还会遭遇饥饿、风浪、狂涛、虫害等，过程的艰难可想而知。

探险家中，有的是为了同远方的人交流学习，将文明的种子四处传播，而不得不遇水涉水、遇山翻山；有的则是规划良久，做好准备特意向高山挑战，向人类极限挑战。前者如法显、玄奘等大师，后者诸如征服珠穆朗玛峰的那些勇士。在人类的探险历史中，他们都是可歌可泣的探险先驱，他们的探险精神至今仍激励着一代又一代人。当然还有一些，他们的探险是掠夺式的，穿峰绕山为的是将文物归于自己的囊中，如窃取敦煌藏经洞中文化瑰宝的那些掠夺者。

# 第三章

# 探险家经过山川

据《穆天子传》一书记载:西周第五代国君周穆王姬满前往西方狩猎,当他到达昆仑山下时,受到了当地人的热情迎接,他们送给他大量的牛羊和成车的白玉石。接着他又登上昆仑山,遍访故人遗迹。举目四望,看到了与众不同的"群玉之山",进入传说中的西王母之邦。当时的西域部落首领西王母送给他"玄圭白璧",他则回送西王母数百匹丝绸。第二天,西王母就在瑶池边设宴款待穆王,载歌载舞,吟诗互和。他们的会面以及和诗之举,给西域文化增添了浓墨重彩的一笔。同时,穆王在西域游行的奇特经历也是探险史上的壮举。

很久以来人们都只把周穆王西巡的故事当作大部分带有虚构成分的神话故事来看,以为不是真实发生的事情。直到西晋时期《穆天子传》一书在战国时代魏襄王的墓室中被发现后,真相才得以重见天日。当时不但发掘出数十车的竹简,还发掘出书中提到的昆仑玉笛。《穆天子传》是写在白丝帛上,然后被粘在竹简上面的,后来晋武帝派人将其整理校勘誊写到纸张上,该书才得以流传。

后来经学者们的不断研究证实,尽管《穆天子传》一书把神话和历史混在一起进行了记录,但穆天子西巡之事是真实发生的。穆天子想巡行天下,于是从洛阳出发,一路上经过很多国家,追寻野兽足迹到达终年积雪的高山。虽然他并没有走遍世界,但所到之处却也离他居住的地方已经是很远了,可以说他是目前已知的中国第一位探险家。

## A42. "西天取经"归国第一人是谁？

我们熟知的《西游记》里的唐玄奘，是去西天取经的高僧。可他并不是去西天取经的第一人，大家知道谁是去西天取经的第一人吗？他就是东晋时期的法显。他的故事精彩程度一点也不逊色于唐玄奘。

在法显生活的时代，佛法还非常不完备，亟需正统的佛法传布。他经常感叹佛法所缺的地方太多，因而立志去搜寻、去探索完善佛法的途径。在法显 65 岁的时候，他觉得翻译佛法已经不能满足当前社会的需求，广大佛教徒无法可依，甚至一些上层的僧侣开始无恶不作。于是，年近古稀的法显同另外三位同伴开始了艰苦的西行取经之路。再后来他们的队伍中又增加了一些志同道合的人，他们一行经过今天中国境内的张掖、敦煌、新疆等地区，以及巴基斯坦、阿富汗等地，最终到达印度，最后取得真经回归祖国。路途中的艰难险阻用语言已经无法完全表达出来，用法显的著作《佛国记》里的话说就是"上无飞鸟，下无走兽"，所到之处只能用死人枯骨作为标志。

法显从西天取经归来，比唐玄奘早了两百多年。而其实他并不是西行的第一人，在他之前也有人前往西天取经。公元 260 年，朱士行前往阗取经，但是他没有回国，而是派徒弟返回，最后终老异地。所以法显是取经回国第一人。这些探险先驱者不管目的如何，他们不屈不挠的精神永远值得后世景仰。

张骞是中国历史上一位非常有影响力的对外探险家。他的家在现在陕西省城固县，他曾两次出使西域，开拓了联结亚、欧、非三洲的陆上丝绸之路。张骞为什么不在汉朝享受平静安康的生活而是大老远奔去西域探险呢？

西汉初期，朝廷主张以和平的方式来维护边疆地区的安宁，但是西域匈奴时常来侵犯边境。他们依靠马背上民族的骁勇善战，大举南下，肆意抢夺财物。到了汉武帝时期，汉朝国力逐渐强盛，汉武帝早想以武力对抗匈奴，苦于一直没有机会。这时汉武帝刚好得知大月氏人的王被匈奴所杀，便下令派遣使者出使西域，伺机说服、联合大月氏共同对抗匈奴。

出使西域之行异常危险，张骞却毛遂自荐毫无畏惧。公元前139年，张骞带领100多人的队伍浩浩荡荡出发了。当他们风尘仆仆来到河西走廊时，却被匈奴人拦住了去路。一行人全部被俘，张骞被带到单于面前，在各种方式的审问下张骞没有屈服，单于于是改变策略反而以礼相待，甚至还送给他一位美女做妻子。这些都没有改变张骞出使西域的意志，他时刻提醒自己不忘使命。被扣留10年之后，公元前129年，张骞趁匈奴不备，只身逃到大月氏。此时的大月氏已经不愿与匈奴交战，张骞在那里考察了一年之后返回汉朝。途中又被匈奴抓获。公元前126年，张骞趁匈奴内乱，带着妻儿逃回长安。

张骞

公元前119年，张骞又带着300多人出使乌孙，考察大宛、康居、大夏等地，同他们建立了良好的关系。他的西域探险之旅，使得汉朝和西域的交流更加频繁，为西汉的国家统一和民族融合做出了突出的贡献。

## A44. 是谁为丝绸之路命名的？

骞出使西域是一次外交考察，同时也是一次科学考察。他第一次对于中原人未知的广阔西域进行了探索。张骞对于探险的各个地区都有一定的记录，对各个地方的所处位置、地理特征、城市名称、当地特产、当地人口以及兵力等都做了介绍，是了解当地古地理和历史的宝贵资料。同时，这也是一次商务之旅和文化之旅。

张骞和他的随从们的探险开通了一条东西文化交流的主力线——丝绸之路。中国的丝绸、瓷器、茶叶等传到西方，而西域的特产，如我们所知的带有"胡"字的土产胡萝卜、胡瓜（黄瓜）、胡豆（蚕豆）、胡麻（芝麻）、胡桃（核桃）等都是经过丝绸之路进入我们生活中的。还有各种动物，如骆驼、狮子、鸵鸟等也是由丝绸之路传入的。丝绸之路的开辟还有一个重要的意义就是促进了东西方文化艺术的交流，音乐、舞蹈、绘画、雕塑、杂技等领域的交流融合，对中国古代文化艺术的发展和进步起到了不可忽视的作用。那么这条重要道路的名字又是怎么来的？是张骞命名的吗？

1877 年，德国地理学家李希霍芬在他写的书《中国》里第一次提到这个名字，用"丝绸之路"来称呼汉朝时中国和中亚以及印度之间贸易往来的路线。这个称法非常形象，中国大量的丝织品都是经过这条道路传送到西方人手中的。这就是丝绸之路命名的由来。

中国有着数千年悠久的历史，辽阔的幅员，壮丽的山河。那么你知道谁是第一个完整记录中国大好河山的人吗？其实早在公元6世纪时，完整描述中国地理的巨作《水经注》就诞生了，这部巨著的作者就是郦道元。

郦道元是北魏时期伟大的地理学家、探险家，他一生坚持不懈地考察全国各地的山川河流，搜集典籍，笔耕不辍，终于写出了这部以记录各地的河道水系为主兼顾自然地理和经济、人文地理等方面的经典著作。郦道元出生在官宦世家，少年时就博览群书，遍访古迹，对于外出探险非常感兴趣。10岁时他基本上已经考察了当时青州地区所有的山川河流，对于每次探险他都会做下详细记录并认真研究，对大自然的规律追根溯源。后来他继承了父亲的官爵，每到一地上任，在处理公事之余他就去当地考察探险。

在当时的平城任职时，他外出考察来到一座山中，发现了一个山洞。不过这个山洞非常奇怪，无论白天夜晚都会有火柱喷出，而且火柱的颜色也会不停变换。人们都认为这个火柱是"火神爷"，所以不敢靠近。郦道元一心要弄个明白，连续几天考察这个地方。他将干草枝放在洞窟口，它们立刻着起火了，最后他考证这就是"火井"，也就是火山。他在山上继续考察，还发现了很多类似的会冒烟的洞，有的拿着干草放进去也不会着火，他将这类洞窟记录为"汤井"，也就是温泉。另外，他还在山上发现了黑黑的能着火的石头，这就是煤。这是中国第一次发现煤田的记录。他把这些——记载在他的著作《水经注》中。

《水经注》是为了注释另一部地理经典《水经》而作的。《水经》早于《水经注》几百年，但是《水经》仅仅记录了137条河流，总共才一万多字，内容太简单，而且不够完整。而《水经注》全书30多万字，记录河流1252条，内容翔实。郦道元的探险精神和坚信科学的精神的确值得后世景仰和学习！

无论是在小说还是在电视剧中，《西游记》里的唐僧都要经历九九八十一难。每当有人问他去哪里，他总会说："贫僧自东土大唐而来，前往西天求取真经。"你可知道，这个唐僧虽然是小说虚构的人物，他的事迹却是有事实依据的。

唐朝有一位叫玄奘的僧人，确实去西天取过佛经。他没有出家之时，姓陈名祎，是河南偃师人。因为熟读经、律、论三藏，所以被人称作三藏。他是书香世家出身，父亲做过县令，后来辞官归隐潜心研究儒学。他有两个兄弟，长兄早夭，另一个哥哥在洛阳净土寺出家，擅长讲经，号长捷法师。他少年时跟随哥哥学习佛经，聪颖好学，11岁就能通读佛经，13岁就在洛阳剃度为僧，随后开始讲习佛经，深受人们推崇。随后四处游学，一览众僧风采。看了众多翻译来的经书，听了众多分析之后，他觉得大家的争论都是在各自的派别之上的，并不是真正的佛典中的意思。于是他就下定决心，前往佛教发源地，去探究真正的佛典的本源。

唐太宗贞观三年（公元629年），玄奘从当时的都城长安出发，经过今天的甘肃威武，穿过玉门关，直抵西域。从新疆哈密，过吐鲁番，翻越山穆苏尔岭，穿越今天乌兹别克斯坦境内，走过阿富汗，最后从巴基斯坦到达印度。他在印度游学5年，同那里的学者辩论，讨论佛教典籍，直到公元645年才回到长安。

他回到长安后就埋首于整理翻译佛经的工作之中，还将中国的经典著作《老子》等翻译成梵语传到印度，为中印两国的文化交流事业贡献了力量。

## A47. "唐僧"取经的路上，身边有四位徒弟吗？

说《西游记》中，有七十二变的猴子、好吃懒做的八戒、吃苦耐劳的沙僧以及任劳任怨总被忽视的白龙马。那么在现实版的玄奘身边，是不是真的有这四位徒弟呢？

公元627年，玄奘就已经下定决心，上书给唐太宗，请求皇帝批准他西行取经，但没有被允许。所以玄奘的出行其实是私自去的，并没有像电视剧中演的那样皇帝亲自为他送行。当玄奘来到吐鲁番的高昌王城时，高昌国王与他结拜成兄弟，苦苦相留。可是玄奘为了求取真经，决意继续前进。国王没有办法，只好派出一些比较可靠能吃苦的人护送他到达印度。这些人并没有像孙悟空那样精于法术，但是像他那样机警，像猪八戒和白龙马那样善于负重，像沙僧那样吃苦耐劳。

这一路上虽然没有妖魔鬼怪，但是路途并不好走。没有路标，没有指示灯，只有他们一行人的沉默和一串串驼铃声。遇到沙漠时缺粮少水，遇到高山时大雪封山。在那里，其中几个随从被冻死在山路之上，但这些艰难险阻都没有吓倒玄奘。最后他还是九死一生到达目的地，取得真经返回故土。

归国之后，他不仅翻译经典，还亲自口述让另一位僧人辨机记录当时的探险过程，写成了《大唐西域记》一书。这是研究印度等地古代历史地理不可多得的珍贵资料。公元664年，玄奘去世，据说当时给他送葬的人多达百万，替他守孝的也有三万，可见他的影响力之大。

1299年,一本关于东方世界的游记在西方世界引起了极大的轰动。人们争先恐后地阅读传奇探险家的中国之行见闻录,书里面所讲的中国简直就是人间天堂,满地遍野都是黄金、丝绸和珠宝。这本书描写的正是马可·波罗的中国之行,而书中的主人公彼时还在狱中,关于他的事迹还要从头说起。

马可·波罗的父亲尼古拉·波罗和马可·波罗的叔父在他出生前结伴出去做珠宝生意,一路颠簸辗转来到中国。在那里他们受到了蒙古大汗的接见,并被赐予金牌,保证二人可以安全回到故乡。到了家里,那时马可·波罗已经长成为一个健壮的小伙子。二人便决定带着 15 岁的马可·波罗重回中国,朝见忽必烈。

1271 年,三人来到黑海转向东行,越过阿拉拉特山,穿越俄罗斯境内的山区。一路上他们看到了石油、喷泉,并一一记录下来。他们穿越青藏高原,来到新疆,并从大沙漠的南端绕过去。一路上,他们曾连续行进 10 天而没有停下来烧火做饭,渴了就喝马血。他们就这样辛苦地走了三年半的时间,大概 8000 英里的路程。最后,马可·波罗一行终于来到中国。

1275 年,马可·波罗在父亲和叔父的陪同下见到了忽必烈,并留了下来。在中国的 17 年间,他游历了很多地方,考察收集了很多资料,把富饶的中国国情详尽地记录在他的日记中。1292 年,马可·波罗三人被允许回国,他们走海路,绕过越南,到达锡兰和印度,最后进入中东。1294 年,他们终于回到了故乡意大利。

归国后不久,马可·波罗在战争中被俘入狱,人们看到的《马可·波罗游记》是他在狱中口述,经过名叫鲁斯迪凯的作家整理之后流传于世的。

马可·波罗

55

石灰岩地貌又称喀斯特地貌，是石灰岩受地下水长期溶蚀而形成的地质现象。喀斯特地貌非常奇特，有的是石林状，有的呈石桥状，有的呈峰林状，有的呈石蛋状，有的像个馒头。总之，大自然的鬼斧神工在这里体现得淋漓尽致。中国的喀斯特地貌是世界上面积最大的，2007年被申报成为世界自然遗产。这一自然奇观存在这么久以来，首先对其进行考察的就是中国古代著名的地理学家、探险家徐霞客。

徐霞客是明代人，出生在江苏江阴，名弘祖，号霞客。中国西南地区石灰岩分布较为广泛，徐霞客就在湖南、广西和云南等地考察，对喀斯特地形做过细致的考察和记录。他甚至考察了100多个石灰岩洞。一次他听说有个飞龙洞，就和当地向导明宗和尚约好一同探险。他们手持火把照路，洞中小路崎岖，无人通行，有的地方水深及人。明宗屡次劝说让他回去，他并未被说服，继续前行。手中的火把不太亮了，他也不在意；鞋子走掉了，也无所谓。直到火把完全熄灭，他才往回走。

每次探险之后，他并不是就此罢休，而是抓紧时间把每次所见都翔实地记录下来，哪怕白天进行探险时已经很疲累，他也不会放弃记录。他的每篇探险记录既准确又生动，科学价值和文学价值都很高，读起来朗朗上口、口齿留香。他对喀斯特地貌的考察既是中国最早的，也是世界最早的，在他去世之后100多年，欧洲人才开始关于喀斯特地貌的考察工作，徐霞客是当之无愧的考察石灰岩地貌的第一人。

明 代探险家徐霞客有一个响亮的称号——"千古奇人"，这个"奇"人到底"奇"在哪里呢？徐霞客出身于江苏一个书香门第，他自幼就喜欢历史地理和探险游记之类的书籍。他年少时有一个远大的目标，那就是游遍中国的名山大川。

长大后，他先后到江苏、安徽、浙江、山东、河北、河南、山西、陕西、福建、江西、湖北、湖南、广东、广西、贵州、云南等16个省进行探险游历，足迹遍布大半个中国。这是第一奇。他的这些探险都是在没有政府资助的情况下，由自己独力完成的。30年的探险生涯中，他基本上是靠步行来完成所有探险之举的。他经常游走在危险的边缘，28岁那年，他来到雁荡山，打算去山顶上的大湖一探究竟。当他到达山脊处时，那里的地形陡峭如刀削，看不到可以下脚的地方。当他发现悬崖上有个小平台时，心生一计：用布带子吊着自己往下去。结果等他下到平台，发现无法再往下去，只能往上爬。在向上爬的途中布带子意外断了，幸好他及时抓住了岩石才救了自己一命。像这样惊险刺激的探险经历还有很多，他所去的地方很多都是令人望而却步之地。这是第二奇。第三奇则在于他所经一处，用简单的工具测量和观察得到的数据跟今天用高科技工具测得的数据相差很小，令人不禁称叹他的神奇。

他每天的探险记录整理之后有240多万字，可惜很多都已经淹没在历史的长河之中，无法重见天日。不过后人根据各处留下的点星记录整理成的《徐霞客游记》一书，依然有40多万字。他每天的探险记录都是文学和科学完美融合的经典，这更是一奇。

楼兰是中国古代的一个小国，位于中国的西部。法显和玄奘的探险记录中都提到过这个国家。至少在公元4世纪，这个文明富饶的国家还是沙漠中的一道美丽的风景，4世纪之后它竟然神秘地消失了。直到100多年前，人们才知道它的存在。当我们踏上楼兰这片土地时，会看到它残存的1600年前的遗迹，那些经历过时光洗礼的陶片和佛像诉说着这里当年的繁华阜盛。那么，这个谜一样存在着的古国又是怎么被发现的呢？

1900年3月28日，这是一个平凡的日子，维吾尔族农民埃尔迪克也像前一天一样给一个外国人当向导。这个淳朴善良的农民心定气闲地赶着驴子往前走时，发现自己常用的工具不在身边。他向雇主说明原因之后就往之前停留的地方匆忙赶去。途中，他低下头仔细寻找工具的影子。就这样，他发现了一个不同于自己工具的木雕。非常奇怪的是，他从来没有见过这样的东西。他把自己看到的情况跟雇主说了，雇主跟他一起来到那片土地，只见地面上散布着精美的木雕、钱物、织物等。因为当时的饮用水已经不够了，他们只好先返回驻地。

1901年3月3日，那个外国人再次来到发现木雕的地方，经过一个星期的发掘，这里出土了一系列文物，从出土的古书中人们发现了"楼兰"一词，所以就以此命名这个地方。而这个发现使得这位外国人名声大噪，他就是瑞典的探险家斯文·赫定。随后，英国人斯坦因、日本人橘瑞超等先后来到这处遗迹再次进行发掘，他们的探险是带有强盗性质的掠夺式发掘，但是也给日后的楼兰探险奠定了基础。

莫高窟藏经洞是敦煌莫高窟第17洞窟的通称。公元11世纪，为了躲避战火，莫高窟的僧众们把寺院保存的经卷、文书、档案以及佛像画等都封存在这个洞内，并在外面绘上壁画掩人耳目。后来僧众外出躲避战祸未归，洞内的文物随之也被人遗忘，深闭洞内800年。

1900年，莫高窟的道士王圆箓意外发现藏经洞之后，使得这批珍贵文物得以重见天日。当时的清朝政府正在战火中奄奄一息，无暇顾及这些文化瑰宝，但这里却吸引了西方文化强盗们的目光。差不多同时，楼兰古国遗址横空出世，英国人斯坦因向英国政府递交探险计划书，到中国考察楼兰遗址，并将范围扩大至敦煌。1907年3月12日，斯坦因来到敦煌，请了一个名叫蒋孝琬的师爷当翻译。3月16日他们来到莫高窟，此时王道士外出未归。5月21日，斯坦因再次来到藏经洞，向王道士说自己是来拍摄莫高窟壁画的，没有提及藏经洞一事，并说明自己愿意提供善款修理洞窟，希望看到一些写卷。斯坦因说自己是玄奘的信徒，是一个来此取经的洋和尚，以此来得到王道士的好感，慢慢接近藏经洞。后来王道士逐渐拿出一些写卷让斯坦因观看。临走时，斯坦因拿出一些钱送给王道士，让他修缮洞窟，并带走一部分写卷。16个月后，这些无比珍贵的文物就安然躺在了大英博物馆。如此，藏经洞文物被盗窃掠夺流散的悲惨命运拉开了帷幕。

斯坦因在结束他的第二次中亚探险后，写下了《沙埋契丹废墟记》。该探险记录于1912年在伦敦出版发行，1921年他的正式报告《西域考古图记》得以出版。1914年斯坦因第三次来到敦煌，又一次掳走了大量藏经洞文物。

1908年，精通汉学的法国人伯希和也从藏经洞盗走数以万计的珍品。1924年，美国人文化强盗华尔纳更是用特殊的化学溶剂，剥走了非常珍贵的26方壁画。此外，俄、日等国的文化强盗们也从莫高窟盗走了大量的文物。

被悉心保护下来的5万多件藏经洞文物最后只剩下了8000余件被当时的清政府运回北京，藏于京师图书馆中。

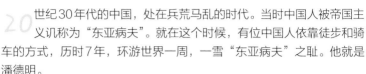
20 世纪 30 年代的中国，处在兵荒马乱的时代。当时中国人被帝国主义讥称为"东亚病夫"。就在这个时候，有位中国人依靠徒步和骑车的方式，历时 7 年，环游世界一周，一雪"东亚病夫"之耻。他就是潘德明。

潘德明于 1908 年出生于浙江，从小就机灵活泼，上进好学。1930 年，22 岁的潘德明在南京经营着自己的西餐厅。一天，他在翻看报纸时，无意中看到发表在《申报》上的一篇宣言，几个年轻人成立"中国青年亚细亚步行团"，立志走出亚洲。他当即决定放弃餐馆生意，加入该团。8 个人组成的探险队顶着严寒酷暑，一路风尘仆仆来到越南。队员们的脚上磨出了血泡，腿也肿成了柱子，还有人意志不坚、体力不支掉了队。最后只剩下潘德明一人踽踽独行。他买了一辆自行车，按照计划继续行进。他带着自己制作的《长图留墨迹》，沿途拜访名人。一路上在他的本子上留言鼓励他的人有诗人泰戈尔、印度总理尼赫鲁、圣雄甘地、美国总统罗斯福等 1200 多个个人和团体，他们用几十种不同的文字见证着潘德明的行程。在野兽遍布的森林里，他遇到猛虎出没时，就使用铜锣吓跑老虎以脱险；走到沙漠中，除了狂沙和饥渴的侵袭外，他还遭遇了强盗，甚至连身上的外衣都被劫走；在澳洲他差点儿成为土著居民的盘中餐。这些困难都没有吓倒他，更没有令他的意志有丝毫的动摇。

1937 年，潘德明终于结束了他的环球探险并回到上海。当时的中国正是国难当头，他把汇聚了世界各地华侨心意的 10 万美元全数捐献给了中国的抗日事业。

珠穆朗玛峰是喜马拉雅山脉的最高峰，也是世界第一高峰。珠穆朗玛峰位于中国和尼泊尔两国的交界处，曾经海拔8848.13米，现在海拔8844.43米。珠穆朗玛峰在藏语中是"圣母"的意思。中国境内的珠穆朗玛峰是中国十大名山之一。珠穆朗玛峰终年挂冰戴雪，山崖陡峭，大风猛烈，严寒刺骨，空气稀薄。平常人来到这里都很难适应这里的高原气候，容易产生高原反应。很久以来，想一睹"圣母"风采的人络绎不绝，但是都没有成功。直到1953年，一张照片才记录了首位登顶珠穆朗玛峰的人。

1950年之前，尼泊尔是不允许外国人进入的，所有对珠峰进行探险的活动都是从中国珠峰北坡进行的。19世纪中期的珠峰探险活动中，没有一个探险队能够上升到8000米的高度。20世纪的珠峰探险首次打破了这个纪录，但是几次探险都没有到达珠峰的顶峰。在这张记录登顶的照片上，丹增·诺尔盖举着一块插着旗子的冰迎风而立。而给他拍照的人正是首个踏上世界之巅的探险家埃德蒙·希拉里。埃德蒙·希拉里1919年出生在新西兰，1953年参加英国组织的珠峰探险队。丹增·诺尔盖是喜马拉雅山区的夏尔巴人，虽然目不识丁，却拥有一身登山的好本领。1953年3月10日，由他俩参加的探险队开始了艰苦的珠峰探险之旅。最后只有他们两人到达峰顶，但是背后付出的是一整个团队，包括数百名工作人员的共同努力。

埃德蒙·希拉里后来被英国女王封为爵士，1984年又被任命为沟通新西兰和尼泊尔、印度的文化特使。他被公认为是攀上世界之巅的第一人。

## 55.帕·赛加尔的珠峰探险有什么不同？

"圣母"珠穆朗玛峰的魅力吸引着无数探险英雄。自从人类首次登上珠峰山巅之后，更多的探险家被鼓舞着继续进行珠峰探险之旅。他们当中，就有一位很特别的探险家——帕·赛加尔。

帕·赛加尔是法国的一名作家，1972 年他遭遇不幸，因车祸跌入峡谷。生命虽然保住了，却失去了健壮的双腿。但是这个身残志坚的人从小就梦寐以求想登上世界最高峰。这个梦想一直深深地刻在他的脑海里，挥之不去。战胜失去双腿的悲痛后，他更迫切地渴望实现自己的珠峰登顶之梦。人们都嘲笑他的想法是异想天开，正常人登上珠峰都难于上青天，更何况是一个坐轮椅的人？帕·赛加尔毫不动摇自己的信念，找到当时的登山队长雷蒙，恳求他允许自己入队。雷蒙被他的精神打动了，同意帮助他实现梦想。他为这个特殊的队员打造了适合在雪峰上滚动的轮椅。登山队从尼泊尔境内出发，向着目的地前进。登山的队伍中竟然有坐轮椅的人，这一现象让当地人非常不解。当人们最终了解情况后，他们纷纷对帕·赛加尔表示衷心的敬佩。队员们连推带拉艰难行进，赛加尔也尽量自己用力，减轻队友的负担。另外，他还朗诵诗歌鼓励自己和队友。终于在队友的帮助和自己的努力下，他登上了 6856 米的阿玛达布拉姆峰。

站在山顶，遥望着珠穆朗玛峰之巅，他把一面残疾人协会的旗帜插在山顶，心中的喜悦之情溢于言表。而他的这种坚韧无畏、挑战极限、矢志不渝的精神激励着我们不断突破自我，超越自我！

长城是中国古代的统治者为了抵御来自边塞游牧民族的入侵而修筑的军事工程。万里长城是不同时期修筑的城墙的统称,只因东西长达万里而被称作万里长城。巍巍长城凝聚着中国人民智慧与血汗的结晶,被誉为"世界七大奇迹"之一。

20世纪80年代,中国的报纸上刊载了一篇文章,文章中说法国探险家雅克要在有生之年徒步考察中国长城。这时有一位中国人非常愤慨,坚决要在外国人之前先完成考察长城的探险之旅。这个人就是中国第一位职业探险家刘雨田。

刘雨田于1942年2月26日出生在河南省长葛县,高中毕业后,曾在乌鲁木齐铁路局工作。1984年5月13日,当他看到这篇文章时,毅然辞去稳定的工作,踏上了探险的征途。1986年4月5日,历时差不多两年,他的徒步5000千米的长城探险之旅终于画上句号。到达当时公认的长城最东端——老龙头长城的刘雨田高举五星红旗,激动地喊道"我终于实现了我的中国梦",成为徒步完成万里长城探险之旅的第一人。刘雨田还有很多探险记录,已经做好计划和付诸实施的探险多达80余项,包括徒步穿越黄土高原、丝绸之路、新疆罗布泊和昆仑雪山,实地考察神农架,穿越塔克拉玛干沙漠等,足迹遍布祖国的千山万水。每次的探险都是九死一生,都需要惊人的毅力和耐力。十多年的探险生涯,他带回了近万张照片,230万字的探险记录,搜集了600多万字的资料。这些记录具有很高的历史、地理、经济、文化等多种价值,是不可多得的财富。

刘雨田的探险事迹被世界数百家媒体报道,他本人也被人们称为"二十世纪罕见的旅行家、探险家"。这些成就都跟他的勇敢和坚毅是分不开的。

## A57. 世界上第一个孤身徒步走过青藏高原的人是谁?

青藏高原有"世界屋脊"之称，因为环境极其恶劣而且很难到达，固有"地球第三极"之称。一般人很难适应那里的高原气候，容易出现各种情况的高原反应，而中国的探险家余纯顺却创下了人类历史上第一个孤身徒步走过青藏高原的纪录，此举震惊海内外。

有"中国当代徐霞客"之称的传奇人物余纯顺，一生都热爱探险事业。1991年4月13日，他穿着印有"徒步环行全中国"字样的衣服，从川藏公路起始线开始了艰苦异常的青藏高原探险之行。这一次他被困在泥石流中整整7天。当他第二次挺进西藏，来到阿里地区的泉河镇时，他的脸色紫青，肿成脸盆大，肚子鼓得能敲响，体重从85千克直降到60千克。这时他上海的家中失火，母亲去世，余纯顺于是中断行程回家奔丧。

1993年3月，他第三次踏上青藏高原探险征程。在海拔3620米的雪山口，大雾弥漫，他沿着电话线前行，岂料又回到出发地，只得重新出发，直到4个月后才走完滇藏公路全程。1994年7月，他第四次进藏，这次要穿过茫茫的戈壁滩。当天下午，还没有走到预定的宿营地时，他已经干渴难耐，几乎虚脱，每走500米就要躺下来歇歇。剧烈的高原反应更加重了他胸闷的症状，每行进200米他就得休息。到了晚上10点，他总算发现了路旁的浅水坑。水面上牲畜的屎尿味非常刺鼻，但求生的本能让他不管一切喝了个够。稍作调整，恢复了体力后，他继续前进，结果又遭遇小黑虫的袭击，他只能用帽子和眼镜把自己捂个严实。

就这样，在经历了种种意想不到的困难之后，他走遍了通往世界屋脊的总共5条公路，为他的西藏探险画上了圆满的句号。

"食人峰"并不是真的会吃人的山峰，而是一座位于阿尔卑斯山脉的山峰——艾杰峰。尽管它的海拔只有3970米，却因为地势险峻而闻名于世。慕名前往的探险家有45位都永远地埋葬在它的脚下，所以当地人和登山探险家都称它为"食人峰"。

这样一座"吃人"的山峰，很多人一听到它的名字都躲着走，而一位女探险家却向它发出了挑战。她就是法国高山探险家卡特琳娜·德斯蒂维尔。她向世人公布了自己的挑战计划，在当时引起了极大的轰动。她要在冰雪封冻的冬季，孤身一人征服艾杰峰。人们都以为她疯了，在这样的条件下连体格健壮，训练有素的男性都很难掌控，更不要说一个柔弱女子了。

1992年3月9日，德斯蒂维尔来到艾杰峰脚下，铁了心要开始她的探险之旅。刚开始攀登没多久，艾杰峰就突然变脸，狂风暴雨一阵猛下。冰冷的峭壁如刀削一般，她的身体只能紧紧地贴着峭壁才能不掉下去。刺骨的冰冷透过衣服一阵阵袭来，脚下就是万丈深渊，但德斯蒂维尔没有回头，她只能祈求石缝没有完全被冰雪封死，以让她固定冰钎的时候稍微容易一些。快到中午时，她来到著名的"死亡营地"，这里就是很多探险家遇难的地方。这一带的岩石冰冻严重，稍不留意冰块断裂，就会失足坠入山谷，粉身碎骨。她小心翼翼攀行，头顶传来悬崖上的石头簌簌直往下掉的声音，幸好落石没有砸到她。这样的攀登，每走一步都要用尽全身力气，令人精神万分紧张。

艰难的攀登长达16个小时，每一分每一秒都好像经历了很久。德斯蒂维尔终于来到了山顶，征服了"食人峰"，成为世界上第一个在冬季孤身攀登艾杰峰的女探险家，创造了新的探险纪录，给人以鼓舞和激励。

一位杰出的探险家，在日本的探险史上占据着重要地位，是一位具有开创性意义的人物。他是登上珠穆朗玛峰的第一个日本人，一生实践了无数探险计划，创造了很多探险奇迹。他就是日本探险家植树直己。

1941 年出生在日本兵库县但马地区的植树直己，在那个多山的地区生活到高中毕业，考入东京明治大学农学系。在学校里，植树直己参加了学校的登山队，他的整个大学生涯基本上是在山中度过的。1964 年毕业时，他计划去国外旅行。在国外，他一边工作，一边进行登山活动。1966 年 7 月，他孤身登上海拔 4810 米的欧洲西部最高峰勃朗峰；当年 10 月他登上了非洲最高峰海拔 5859 米的乞力马扎罗山；1968 年 2 月他又登上了南美洲最高峰海拔 6194 米的阿空加瓜山。1970 年 5 月 11 日，他登上了珠穆朗玛峰，成为第一个登上珠峰的日本人。当年 9 月，他又登上了阿拉斯加的麦金利峰。6 年时间里，他逐一登上了五大洲的最高峰。这时的他并没有满足自己已经取得的成绩，而是决定横穿南极。为了锻炼极地生活的能力，他在世界最北端生活了一年。在格陵兰岛，他徒步行进 3000 千米，为穿越南极做准备。1978 年，他又乘坐雪橇来到北极点，成为世界上第一个孤身到达北极点的人。这些都是为穿越南极做的准备。1979 年 11 月，冬季的寒风凛冽而来，他觉得正是锻炼自己的时候，此时重登北美大陆最高峰麦金利峰正好可以为横穿南极打好基础。

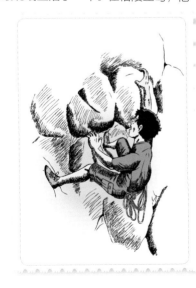

不幸的是这一次这位勇敢的探险家永远地留在了那里，再没有回来。

你害怕蛇吗？这种冰凉的小动物，要是发起攻击来，可是毫不留情的。尤其是那种带有毒液的蛇，更是非常危险。可是世界上有这样一个探险家，见到毒蛇不是立马逃走，而是迎上前去一探究竟。这个另类的探险家就是奥斯汀·史蒂文斯。

史蒂文斯是南非人，年轻时在军队服役，任务就是识别并引开毒蛇，为战友们提供安全的环境。一次在引开战壕中的蝰蛇时被毒蛇咬伤，这是他第一次被蛇咬。在医院昏迷五天之后，经过三个月的治疗，他才免于被截肢的厄运。退伍之后，史蒂文斯成了一位爬虫学家。他经常要做的工作就是深入蛇类出没的丛林，甚至是剧毒眼镜蛇的洞窟，观察这些冷血动物的习性，并用摄影机记录下来。到目前为止，史蒂文斯发表了超过150篇的研究蛇类的文章，同时也获得了很多摄影记录的奖项。通过史蒂文斯的镜头，我们能够看到很多蛇类的本能攻击反应，了解各种蛇类的攻击方式和毒液的致命威力。

史蒂文斯还有一项令人惊恐又感动的世界纪录。为了筹集资金，提高人们对于非洲猩猩的关注和保护，他要打破与数十条毒蛇共处一室的纪录。在一个用玻璃做好的透明蛇笼里，有21条眼镜蛇、6种非洲大毒蛇和其他种类的13种毒蛇。他每天最多被允许在蛇笼外活动一个小时，其余时间都要和这些毒蛇一起度过。

和毒蛇们在一起的每个小时都是度日如年，都要经受思想上的"酷刑"，时时刻刻提防来自毒蛇的攻击。期间尽管他几次被咬伤，但他奇迹般地完成了与毒蛇们相处107天的世界纪录。他的这种另类的探险之举令人感动又钦佩！

地球是一个圆形球体，赤道就好比是地球的腰带，将其分成两半。赤道以北是北半球，北半球的最北边是北极地区；赤道以南是南半球，南半球的最南边是南极洲。人们习惯上称它们为北极和南极，二者统称极地。这一北一南看似截然相反的两个地方，一样离太阳最远，一样天寒地冻、万里冰封。作为地球的南北两端，它们千百年来吸引着数以万计的探险家，令他们渴望揭开其神秘的面纱，一睹极地的独特风采。在这些热衷极地探险的探险家行列中，无论是巴伦支还是白令，他们都没能如愿见识到两极的面貌。更有很多探险家为此付出了生命的代价，但他们的牺牲并没有令后人望而却步，反而鼓舞着更多的人向未知的世界出发，向人类的极限挑战。随着探险技术的进步和探险家们无数次勇敢的尝试，在经历了难以形容的重重艰难险阻之后，探险家们的足迹终于到达了他们渴望已久的两极地区，他们的探险之旅揭开了人类探险史的光辉一页。

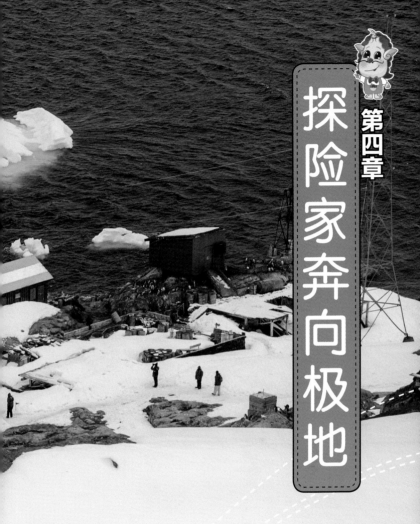

# 第四章

# 探险家奔向极地

19 世纪80年代，人们对于北极还不是很了解，相关的地理研究和科学研究还在进行之中。但是探险家们已经迫不及待地想要到达北极点，他们摩拳擦掌、跃跃欲试，去往北极点的探险比赛正在如火如荼地进行着。

1882 年，美国军官阿道夫斯·格里利到达北纬 83 度，创造了北极探险所达区域的新纪录。而探险家弗里乔夫·南森也对北极点产生了浓厚的兴趣，他要打破格里利的这个纪录。南森于 1861 年出生在挪威，1888 年他乘滑雪板穿越了格陵兰岛，对格陵兰岛内陆进行了考察，返回后做出了一个大胆的决定：他要利用冰流靠近北极点。

北极到处是浮冰，这种状况对于船只的航行来说是一个巨大的威胁。这些看似松散的浮冰，如果被风流吹动，就会互相碰撞，形成非常强大的挤压力。若碰到温度骤降的情况，浮冰会凝结成一个巨大的整体，这种力量会把船只碾成碎片。所以，南森需要的船只必须足够结实，才能完成漂流。人们认为这个计划只有疯子才能想到，因为太难实现了。尽管如此，南森还是得到了造船经费，造出了一艘非常特别的船，并有一个可爱的名字"弗拉姆"号。"弗拉姆"外形短而粗，不漂亮，但是很实用。圆形的船体裹了厚厚的橡木、北美松和樟木，就是这些装备足以使"弗拉姆"号能够抵抗结冰的压力，破冰而出。

1893 年 6 月，一切准备就绪，南森和他的探险队员们乘"弗拉姆"号离开陆地。船只在冰面上漂浮，一路上他们看到了北极特有的风光。可这样的速度是被动地依靠洋流的力量来实现的，我们不禁心里会有个疑问：他们能顺利到达北极点吗？

**探**险家弗里乔夫·南森一路上最常做的事情就是进行各项考察，每4个小时记录一次天气状况，每隔一天记录一次天文观测情况，同时还测量了海洋的温度、盐度、深度和洋流，这些记录为后来的探险家们提供了不可多得的实用资料。

在冰洋里漂流了一年后，南森发现他们的船的速度越来越慢了。又过了几个月，船只完全陷在冰里走不动了。1895 年 3 月，他和费雷德里克·约翰森只好一起离开了船只，乘坐狗拉雪橇前往北极点。他们在冰面上疾驰，刚开始的几天速度一直很快。可他们很快就陷入冰脊围成的迷宫中，在冰与冰之间毫无方向地乱撞。他们的雪橇甚至经常被弄翻，于是他们不得不花费巨大的力气，抬着雪橇翻越冰包。有时候，狗们拉着雪橇非常吃力，他们就必须从雪橇上下来和狗一起拉。这样的行进非常消耗体力，他们常常拉着雪橇就睡着了，直到头撞在冰面上才能清醒过来。白天被汗水打湿的衣服，一到晚上就冻成了铠甲一样的冰，硬邦邦地贴在身上。

这样的日子当然比不上船上轻松惬意的生活。更痛苦的是，他们在迷宫中不停地打转，当他们在冰面上向北跑时，冰则努力地往南漂，他们的努力往往变成了原地打转。在离开船只的 26 天中，他们一共走了 124 英里，离北极点只有 224 英里，这又是一个新纪录。可惜的是他们没有到达北极点。掉转方向时，南森恋恋不舍地望了一眼北极点的方向，他不无遗憾地小声说道："不知什么时候还能重返北极了。"

71

## A63. 探险家南森是如何从北极返回的?

**1895** 年,探险家弗里乔夫·南森和他的队友约翰森在去往北极点探险的路程中遇到浮冰无法继续前行,于是不得不返回。看着来时所走过的冰面,他们的心几乎都要碎了,全无来探险时的那种高昂兴致。最终他们还是从挡住去路的冰浪上找出了一条回程的路。此时已经是5月份,冰面上已经有了裂痕,稍不留意人就会陷到冰窟窿里。因此一路上他们都要小心翼翼。

食物也消耗得差不多了,雪橇犬们更是饥饿得不成样子。好在不久他们猎到一些海豹,暂时解决了饥饿的问题。可当他们走到来探险时下船的地方,这里却没有了"弗拉姆"号的身影。于是他们不得不在北极地区度过第三个冬天。1896年在岛上过完冬天后,他们又启程了。途经一座小岛时,他们听到了狗吠声,南森非常激动,他断定那里一定有人居住。这一年来,除了身边的同伴约翰森外,他还没有见过其他人。这时一个陌生面孔出现在他面前,还和他打招呼。原来南森眼前的正是英国的探险家费雷德里克·杰克逊。杰克逊早就想象过和他的相遇,甚至带着南森妻子和挪威国王给南森的信。只是他万没有想到眼前身着肮脏破烂衣服、头发油成黑色、行为举止像个野人的人正是他要找的南森。

南森和约翰森随后搬进了杰克逊的营地,最后他们搭乘挪威货船回国。国人都以为他死在北极了。不久后"弗拉姆"号也顺利归国。探险家南森虽然没有到达北极点,但是他的英勇探险的魄力和坚持不懈的精神值得我们尊敬。

探险家南森的北极探险之行，给挪威人带来了振奋和鼓舞，人们北极探险的热情像火一样被点燃了。很多挪威探险家都想完成南森的北极探险之行，最终到达北极点，不过最后完成南森梦想的却是一位美国探险家——罗伯特·皮尔里。

罗伯特·皮尔里1856年5月6日出生在美国宾夕法尼亚州，1881年在海军服役时担任土木工程师。年轻时，他随着职务调动四处游历，一直非常向往格陵兰岛。1886年，皮尔里对格陵兰岛进行了探测，并深入格陵兰岛内陆。1891年，他组织探险队对北格陵兰岛进行了探测，发现了世界上最大的陨石，该陨石后来被保存在美国自然历史博物馆。

随后的12年间，皮尔里从来没有间断过他热衷的探险。1905年，50岁的皮尔里被冻掉了8个脚趾，但他学会了像爱斯基摩人那样生活，掌握了冬季在极地的生存技能。1906年7月，他带领一支探险队伍起航去北极，随行带着100多条雪橇犬。他们派出的先遣分队沿路立营，建造冰屋，储备粮食。但是这次，他们的船只损坏严重，于是不得不暂停探险之行。1908年7月，皮尔里再次率探险队出发。1909年4月，他到达距离北极点只有150英里的地方。据皮尔里自己讲述，他于4月6日到达北极点，并把美国国旗插在一个容器里，还称自己从北极一边到另一边滑雪，无论风往哪个方向吹都是南风。当皮尔里返回时，却被人告知一年前的4月，他的助手库克就已经到达北极点。关于库克和皮尔里谁是到达北极点的第一人的问题，探险界一直就有纷争，没有人知道他们两人谁说的是真的。库克的探险记录丢了，皮尔里的记录真实性则令人怀疑。

直到现在，人们还对皮尔里的探险记录存有疑惑，但是大多数地理学家已经承认他是第一个到达北极点的人。

73

**1896** 年，人们对于北极点的探险还处在热潮之中，并且有更多的探险家加入其中。同时，尝试借助新型交通工具前往北极探险已经不是不能想象的事情了，科技的进步同样也为人类的探险事业提供了诸多可能。例如热气球的诞生，就为探险家们前往北极提供了快速便捷的方式。

瑞典探险家所罗门·奥古斯丁·安德烈和他的队友们就是乘坐热气球开始的北极探险之旅。安德烈请人特意制作了一只名为"鹰号"的热气球，该热气球的气囊是丝质的，承重的吊篮则由柳条编成。1897 年 5 月 15 日，他和斯特林伯克、富林格一同乘坐热气球向北极进发。他们第一次尝试时，由于风向不好，热气球无法起飞。同年 7 月 11 日，天气状况良好，非常适合启程。三个人丢开固定热气球的沙袋，热气球就顺利地升上了空中。他们第一天的行程一切顺利，可是第二天热气球就出现了问题，它越飞越高。7 月 14 日，热气球被迫停在冰面上。冰面上寒风刺骨，三个人相互搀扶着在冰天雪地荒无人烟的地区艰难跋涉。他们尝试过很多脱险的方法，都没有成功，也没有在第一时间得到及时有效的救援。他们甚至已经做好了随时牺牲的准备，遗憾的是，三个人最终相继把梦想和生命留在了这片雪域。

直到 1930 年，挪威渔船从此经过时，才发现了他们的遗体，以及他们留下的探险记录。正因如此，后来的人们才能了解三个探险家的探险过程和有关北极的记录，这是史上第一次关于北极的探险资料。

# A66. 第一个飞过北极点的探险家是谁?

安　德烈对北极的飞行探险，直到很多年后才有人敢效仿。因为北极特殊的天气情况，乘热气球比乘雪橇面对的困难要多得多。即便如此，还是有人完成了这一艰难的探险之举，成为第一次乘飞行工具飞越北极点的探险家。这个人就是阿蒙森。

1925年5月，在一个演讲活动上，极地探险史上两位重要的人物相遇相识了。他们一个是北极探险家R·阿蒙森，另一个是美国飞行家林肯·埃尔斯沃斯。两个人相谈甚欢，相约共同完成一次飞越北极点的探险之旅。同年，埃尔斯沃斯提供了两架飞机，在飞到离北极点120英里的地方，其中一架飞机出现了故障，只能着陆。而另一架飞机着陆时撞上了冰浪，无法继续前进。所以他们这次没有到达北极点，但是他们在飞机上进行的勘测工作，为下一次的探险之旅做好了准备。

1926年5月12日，他们两位和意大利籍驾驶员翁贝托·诺比尔一起乘坐"挪吉"号飞机，于斯匹次卑尔根群岛起飞。他们这次的飞行很顺利，迅速飞到了北极点上空。但这之后，情况开始变糟。飞机上出现了故障，飞机的无线电也停止工作，接着飞机的前端也被冰雪覆盖。这给他们的飞行增加了数倍的困难。尽管如此，他们最终还是艰难地到达了阿拉斯加，在两天的时间内他们飞行了3400英里。

阿蒙森和埃尔斯沃斯的北极点飞行探险创造了史上一项纪录，他们的探险精神也激励着一代又一代探险家。

## A67. 第一个孤身滑雪到北极的探险家是谁?

去往北极的探险家们通常都是组队而行,并经历了很多困难,甚至很多都付出了生命的代价。但是我们还没有听说过有哪一位不要命的探险家胆大到孤身一人,不依靠其他辅助力量,单凭一己之力去北极探险的。事实上,还真的有这样一位勇敢的探险家,他就是法国人让·路易斯·埃梯恩。

在一望无际的白色冰原上,一个身着红、白、蓝三色衣服的身影在白色的雪地中特别显眼,只见他脚上绑着厚实的雪橇,腰上挂着结实的带子,一个人拉着跟他身体相比显得特别巨大的雪橇,一步一步走得特别艰难。就是这个踽踽独行的身影让世界都为之震惊。这位只身一人到北极探险的勇士就是让·路易斯·埃梯恩。他从 1986 年 4 月 3 日出发只身到北极探险,已经走了一个多月了。在过去的一个多月中,很难想象他一个人经历了怎样的困难。这里的温度低至 -52℃,能把人的鼻子冻麻木,脸上冻到没有一点儿知觉。所以人在这里只能一直不停地走动,才能保证不被冻成雕塑。让·路易斯·埃梯恩曾经碰上了暴风雪,在漫天的风雪里,他找不到方向,在这样高纬度的地方,连指南针都无法找到准确的方向。幸好他不断发出信号,让位于加拿大北极圈的一个基地的工作人员用无线电通话帮助他找到了方向。

同年 5 月 11 日,完全没有外援的让·路易斯·埃梯恩战胜了体力极限,在严寒、孤独和冰雪的考验中,走完了 600 多英里的路,最终到达北极。这位英雄式的人物,不愧是世界级的探险家。

北极一直以来都吸引着来自世界各地的探险家们，中国的探险家们也不例外。在这些致力于北极探险的中国探险家中，有一个人曾经9次到达过北极，他就是位梦华！

作为中国探险家的骄傲，位梦华的探险经历还要从 1982 年开始说起。当年 10 月，他随同美国科考队到达南极大陆，成为最先踏上南极大陆的几个中国人之一。从南极回来后，他意识到了中国在极地科考方面的落后状况，开始着手进行推动中国科考建设的工作。1991 年他第一次来到北极，回国后就建议国家尽快开展北极考察工作。1993 年 4 月，位梦华作为"北极科学考察筹备组"的先遣队员，再次奔赴北极。此后，他又接连几次来到北极，最让他怀念的是到达北极点的那次探险之旅。那是 1995 年 5 月 5 日，北极点白色冰原上终于出现了中国人的身影，鲜艳的五星红旗在北极点的上空迎风飘扬。那一年，位梦华 55 岁。1998 年，位梦华第六次进入北极，并在北极过冬，成为第一个在北极过冬的中国人。他曾经两次在北极过冬，因此深知独身一人没有朋友的痛苦。

在北极过冬时，他同当地的爱斯基摩人成为好朋友。爱斯基摩人甚至邀请他一起打猎，这是多么的荣幸啊！要知道，爱斯基摩人打猎都是全家出动的，这就表明他们把位梦华当作了自家人。2005 年，位梦华第九次踏上北极的土地，创造了 9 次到达北极的纪录。

南极点的征服者们就像在比赛一样，一个接着一个向着目标进发。其中有两支探险队伍是争夺冠军的种子选手，一支是挪威的阿蒙森队，另一支是英国的斯科特队。究竟哪支队伍会取得最后的胜利呢?

R•阿蒙森既是世界上第一个到达南极点的探险家，也是世界上第一个乘飞机到达北极点的人。其实早在1909年，当时37岁的阿蒙森就打算成为首个登上北极点的人。正当他为了这个梦想东奔西走时，他的助手给他送来一张报纸，上面写道：美国海军军官罗伯特•皮尔里到达北极点。阿蒙森完全没有想到是这样的结局。自己还没有出发，梦想就破碎了。这时，另一个消息传来，罗伯特•福尔肯•斯科特带领的英国探险队正在去南极点的途中。北极点的梦碎了，还有南极点在啊。1911年，阿蒙森一行乘着南森北极探险用的"弗拉姆"号来到南极的鲸湾。阿蒙森的探险计划安排得非常周密，每一段路程都做过准确的计划，沿途供给点也安排合理。他还带来了52条爱斯基摩犬，它们是雪地行进最适合的交通工具。

1911年12月14日，这场比赛终于结束了，挪威的国旗插在南极点洁白的雪地上。探险家阿蒙森成为世界上首个到达南极点的人。这个自小梦想成为首个站在极点上的人，终于实现了自己的梦想。他的勇气、魄力和百折不挠的精神令他成为奇迹的创造者，在人类的探险史上，他也无愧为一个值得尊敬的探险家。

**1912** 年1月17日，斯科特所带领的探险队员飞奔在离南极点只有几千米的地方，这是他们此行最后的几千米，眼看着他们的梦想就要实现了。一想到这里，过去途中的种种艰难似乎都云淡风轻了。可就当他们来到南极点之后，尽管笑容还停留在脸上，失望的眼神却已经掩饰不住沮丧：这里有别人留下来的帐篷的残留物。

斯科特和他的队友们历经千辛万苦虽然最终到达了南极点，大家却丝毫高兴不起来，眼前的一切表明挪威人比他们更早来到了这个地方，他们是失败的成功者。为什么斯科特会成为迟到的探险家呢？原来，斯科特带来的摩托雪橇在这里根本没有用武之地，他们精心挑选的十几匹小马也不适合在雪地里行走，而且根本找不到适合它们吃的饲料。就在阿蒙森成功抵达南极点的时候，斯科特带领4名探险队员还在艰苦的跋涉途中，而且他们带来的食物也不够了。当他们得知有人已经捷足先登时，就默默地往回走，一路上谁也高兴不起来，但他们仍然坚持采集标本和勘测地质等科考工作。饥饿和严寒时刻准备带走他们的生命，3月20日，他们离下一个供应站只有20千米的距离，可是他们谁也走不下去了，暴风雪实在太大，他们连帐篷都无法走出。3月29日，斯科特颤抖地写下最后几行日记，就丢开了笔。

1912年11月，英国驻南极越冬基地搜寻队来到此处，看到了斯科特的帐篷，看到了帐篷周围载满行李的雪橇，上面有重达15千克的南极大陆地质矿石标本。几位探险英雄临终前还想着把这些材料带回基地。虽然他们不是最先到达南极点的人，但是又有谁能说他们是失败者呢？

在我们认识南极的历程中，有一个人曾做出了卓越的贡献，他就是著名的极地探险家理查德·伯德。他是一位飞行探险家，在南极地图的绘制过程中贡献了很多力量。

20世纪20年代，澳大利亚人休伯特·威尔金斯第一次进行了南极飞行。自此之后，探险家就开始使用飞机在南极进行探险。伯德就是飞行探险家中成就最为突出的一位。伯德于1888年出生于美国弗吉尼亚州，其家境颇为富裕。伯德12岁时就开始独自周游世界，第一次世界大战中，伯德成为一名飞行员，1921年曾驾驶飞艇飞越大西洋。

在阿蒙森到达南极点之后，南极点在地图上仍然是一片空白，南极探险并没有终结，而是成为一个热点，吸引了更多的人前来探险。1928年，伯德在南极海岸线附近建立了"小美国"基地，同年11月乘飞机飞越南极，成为世界上乘飞机到达世界两极的第一人。这次飞行，随机的摄影师麦金利带回了珍贵的南极大陆的摄影记录。伯德的南极飞行探险与阿蒙森和斯科特的陆地探险具有同等重要的地位，这次探险只用了16个小时，而阿蒙森的探险则用了三个月。1933～1935年，伯德带领一支探险队对南极大陆做了更多的勘测工作，并在那里建立了气象站。伯德一个人在气象站过冬，记录南极的天气状况。这次空中勘测还证明了罗斯海和威德尔海之间没有海底峡谷相连，南极洲是一块独立的大洲。

伯德一生中对南极洲进行了5次探险，对于南极洲的测绘，之前从没有人进行过如此细致的工作，他的贡献价值和意义不可估量。

有些探险家是为探险而生，也是为探险而死。科考达人阿蒙森就是这样一个伟大的探险家。可以说，他的一生都是在为探险事业做贡献。

阿蒙森一生中创造了很多个第一。1906 年他第一个发现西北航道，解决了困扰探险家们长达 300 年的难题。也是他第一个发现北极磁，进行了关于地磁和北极磁的准确位置的观测。1911 年他第一个登上南极点。1926 年他第一次乘飞机越过北极点。第一次飞过北极点时，和他一起起飞的三位探险家中有一位叫诺比尔的探险家。两年后的 1928 年 5 月 28 日，诺比尔再次乘坐飞机进行北极探险时，探险队失踪了。得知这一消息，56 岁的阿蒙森毫不犹豫，乘着飞机就出发了。然而这一去，就再没有消息。另一支搜救队也前往寻找，他们找到了活着的诺比尔和飞艇。

几个月后，他们终于在挪威西北部的水面上找到了阿蒙森乘坐的飞机残骸，但是里面却没有阿蒙森那熟悉的笑脸。北极，这个阿蒙森从小的梦想之地，也成为埋葬英雄的墓地。

这个伟大的探险家，经历过南北极两地的严酷冰雪，在自己的探险生涯中创造了无数奇迹，哪一次不是死里逃生，哪一次不是可歌可泣。这一次，为了朋友的生命，他把自己葬身在终身渴望了解的神秘北极。虽然没有人知道他的葬身所在，但是他辉煌的探险记录和不屈不挠的探险精神让我们永远铭记。

2009
ROALD AMUNDSEN
RWANDA

## A73. 第一个横穿南极大陆的中国人是谁？

20世纪80年代末期，一个国际性的科考队"1990年国际横穿南极科学考察队"向南极进攻，探险队的队员由6个人组成，分别来自中国、英国、美国、法国、苏联和日本，其中来自中国的队员是冰川学家秦大河。

当年秦大河43岁，是中国科学院的副研究员，曾经两次去过南极工作，还担任中国南极考察队第五次越冬队队长。1989年7月26日，秦大河和英国的探险队员沙莫斯来到南极洲的最顶端海豹岩。他们是先遣队员，要为后面到来的队员做好准备工作，迎接另外4名队员安全着陆。7月28日，6个人迈出了人类首次徒步横穿南极洲的第一步。他们带着南极徒步的好助手——40只爱斯基摩犬。在冰雪覆盖的南极高原上，狗拉雪橇，可以节省很多人力，但他们并不是每一步都能依靠狗拉雪橇前行。南极的气温低到零下几十摄氏度，冰原被冻成一道道冰沟，一不小心就会掉下去。虽然曾经在南极洲工作生活过，可是秦大河却不会滑雪，他只能依靠两条腿前行来赶上队友，这样很消耗体能。于是秦大河就向队友学习如何滑雪，摔了很多跟头之后，终于也能站在滑雪板上了。他们每天都要工作，早上要早起做饭收拾帐篷，白天要采集标本、观测地形、照相记录，每一天都是忙碌而充实的。遇到大风肆虐，他们连方向都分辨不清。

　　就这样，6 位队员互帮互助，终于在 1990 年 3 月 3 日完成了首次横越南极大陆的探险。秦大河是第一个徒步横穿南极洲的中国人。

宇宙是迷人的，太空是神秘的，那里是一个陌生而又熟悉的世界。说它陌生，是因为我们从来没有人上去看过到底是什么样子的：有没有"人"的存在？是不是像地球一样有美丽的花儿、啾鸣的鸟儿、挥舞着翅膀的小蝴蝶？说它熟悉，是因为我们常盯着天上的星星，遥望着它们一眨一眨的眼睛，耳边听着奶奶讲述的故事：玉皇大帝、王母娘娘、织女牛郎、鹊桥相会。一个个生动的故事回荡在耳边，在我们的记忆里久久难忘。离我们那么近又那么远的太空，到底是什么样子呢？以前没有人见过，只能靠想象来编织它的面貌。随着人类技术的发展，挑战宇宙逐渐成为可以实现的理想，不再是遥不可及的奢望。探险家们的脚步依靠着不断发展进步的科技，慢慢靠近宇宙，离地球越来越远。同时那些神秘的太空却离我们越来越近，渐渐被揭开了面纱。让我们跟随探险家的足迹，到宇宙探险吧！

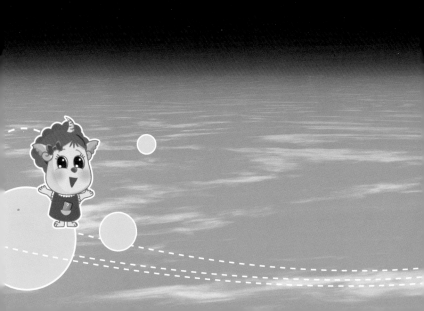

第五章

探险家挑战宇宙

地球的外面是哪里？宇宙是神秘的存在，千百年来只能是可望而不可即。终于，第一个人脱离地球的引力，到达从没有过的高度，用一个俯视的角度看到了我们一直生活的地球。这个人就是前苏联宇航员加加林。

1934 年 3 月 9 日，尤里·阿列克赛耶维奇·加加林在前苏联斯摩棱斯克地区一个木匠家庭出生。加加林从小就极具好奇心，探索欲望非常强烈，拿着自己制作的飞机模型在田野里四处跑，就像自己在天上飞似的。20 世纪 30 年代的前苏联航天事业如火如荼，有很多成就，为加加林的航天飞行打下了良好的基础。1956 年他成为正式飞行员，在飞行技术方面出类拔萃。1960 年他被国家选中，成为第一批预备航天员。在星城培训中心，加加林非常刻苦，在失重、绝音室、离心机和跳伞等多项训练中成绩优秀。当"东方号"宇宙飞船正式发射时，加加林成为幸运的宠儿，被选定为第一个上天的人。

1964 年 4 月 12 日，这是人类历史上永远值得纪念的日子，加加林登上飞船，泰然自若地等待"东方号"发射。9 点 07 分，火箭将宇宙飞船送上天空，陆上的人们望着越来越小的飞船，都捏了一把汗。毕竟是人类的第一次，加加林面对的是一个完全没有人经历过的太空探险，飞船能顺利返航吗？

离地面 330 千米处，加加林熟练自如地操纵仪器，绕着地球飞行，观察记录整个行程。108 分钟后，加加林安全降落在一片田野中，我们的航天英雄回来了。加加林成了第一个进入太空探险的人。

## A75. 谁是第一位在太空行走的航天员？

加林从离地球330千米的高空飞回来时，人们已经不满足现在的高度，更希望在太空行走。首先完成这个任务的是前苏联航天员阿列克谢·阿尔希波维奇·列昂诺夫。

列昂诺夫出生于1943年5月，1957年毕业于丘吉耶夫军事航校，从此开始了飞行生涯。20世纪60年代，美国和前苏联掌握着航天技术，彼此成了最大的竞争对手。前苏联人的太空探险步调非常紧凑，美国人也不甘示弱，紧随其后。在正式发射之前，前苏联人发射的无人侦查飞船获得了太空环境的一些数据，但是返回时却突然爆炸，数据丢失。此时离发射还有一个月，没有获得足够的信息，宇航员在太空中的安全不能保障。是冒险升空还是再准备几个月？这是一个问题，列昂诺夫决定选择前者，一定要赶在美国之前升空。

1965年3月18日，飞船顺利升空，列昂诺夫在安全带的牵引下离开飞船5米，在太空中活动了24分钟。这是太空中第一次有了人的踪迹。仅仅是短暂的24分钟，我们也很难想象列昂诺夫承受了多少困难。当他走出舱门时，特制的宇航服受到压力变小，胀得像个气球，随时都有破裂的可能，离开了宇航服，低温和压力就能将他毁灭。返仓时，膨胀的宇航服差点儿让他进不去。他最终调试好宇航服，鞋里的汗水积累了近3升。

返航时遭遇了更难想象的经历，飞船定位故障，落在原始森林里。直到第三天，列昂诺夫才安全回到故乡，成了世界英雄。

## A76. 第一批探险家是如何到达月球的？

月亮是一个大圆盘，里面的玉兔一直不停在捣药，美丽的嫦娥也住在月亮上的广寒宫。这样的故事我们百听不厌，且一直流传在人间。我们对月亮的幻想一直没有停过。正是这种幻想推动了世界的发展，人们终于近距离看到了月亮。

1969 年 7 月 16 日，人类登月计划正在进行，尼尔·阿姆斯特朗的夫人站在船上，紧紧盯着一个白色的小顶。那个庞然大物里面有三个宇航员，其中就有她的丈夫。只见土星号火箭尾巴上冒出黄色火焰，耀眼的白光冲击着四周，一阵雷鸣使得大地浑身颤抖。9 点 32 分，消耗了 4 千克燃料，火箭慢慢上升，不一会儿就看到尾光慢慢消失。火箭正在上升，尼尔·阿姆斯特朗和另两位宇航员迈克尔·柯林斯和爱德曼·尤金·奥尔德林安静地躺在只有面包车大小的操作室中，身体随着剧烈的运动开始摇晃，一会儿前倾，一会儿又被压到座位上。宇宙飞船绕着地球飞行时，宇航员的身体是倒悬着的。绕完地球第二圈时，"土星号"再次发动，宇宙飞船来到月球上，此时宇航员由于失重，都是飘来飘去地在飞船内工作。第二天 1 点 20 分，火箭再次启动。如果不成功，三位探险勇士将永远消失在茫茫的太空之中。好在飞船顺利进入距离月球仅 97 千米的轨道。7 月 20 日，阿姆斯特朗和奥尔德林进入登月舱，启动开关，接着登月舱与指令舱实现分离，8 分钟后他们到达月球表面。

他们成了第一批到达月球的探险家，开启了人类对月球探险的新篇章。

当登月舱靠近月球时，躲过了迎面而来的巨石，在宇航员的胆战心惊中顺利降落。这时，宇航员看到的不是想象中美丽的景色，而是光秃秃的甚至让人惊慌的月球表面。这里没有水，没有树木，没有鲜花，有的只是一块亮、一块暗，看上去令人很不舒服的月球表面。

但是登上月球，依然让阿姆斯特朗和奥尔德林非常兴奋，以至于睡不着觉。阿姆斯特朗喜出望外，急着要走出去看看。在得到地面指挥的许可后，他提前走下悬梯，踏上月球。这时守在电视机前面的观众看到一个人影，像游泳一般落到月球表面，同时听到了来自月球的第一句人类的语言："这是我一个人的一小步，却是人类的一大步。"这句话就是第一个站在月球上的人尼尔·阿姆斯特朗说的。

阿姆斯特朗好似踩在棉花上面轻飘飘的，但当他捡拾岩石样品时才发现它们原来是很硬的。月球的引力比地球上小很多，他身上的宇航服也轻了很多，走路活动就像是跳跃。奥尔德林也从登月舱里走出来，他们在月球上工作了两个小时，完成任务后就返舱休息。从发射开始算起，经历 195 小时 18 分钟后，承载三名宇航员的飞船顺利返回地球。这是值得欢呼雀跃的时刻。

这次月球探险的计划，让人们看到了真正的月球，拉开了人类大规模宇宙探险的序幕。而阿姆斯特朗则以他的睿智勇敢，成为第一位在月亮上行走的宇航员，被永远记录在人类的宇宙探险史上。

3.00

Neil Armstrong

TADJIKISTAN

当今时代,女性在各个方面都能取得辉煌成就,在太空探险领域也不例外。世界上首位实现在太空飞行的女宇航员是前苏联唯一的女将军瓦莲京娜·捷列什科娃。月球背面的一座环形山就是以她的名字命名的。

瓦莲京娜·捷列什科娃 1937 年 3 月出生在前苏联一个普通工人之家,第二次世界大战中父亲在前线阵亡,母亲辛辛苦苦拉扯三个孩子长大。瓦莲京娜·捷列什科娃从小就非常努力,白天进纺织厂做工,晚上去夜校学习。22 岁时她参加了一个航空俱乐部,这个俱乐部是她生命的转折点。当时的瓦莲京娜·捷列什科娃同其他人一样,把加加林视为心中的偶像,她渴望成为像加加林那样的宇航员。于是和俱乐部的女友联名写信呼吁派女子上空。没几天,她们便被邀去参加航天训练。经过严格的训练,出色的瓦莲京娜·捷列什科娃成为一名宇航员,在经历刻苦的训练之后,成为一名非常熟练的宇航员。

1963 年 6 月 16 日,26 岁的瓦莲京娜·捷列什科娃自信地坐在"东方 6 号"的操作舱中,绕地球 48 圈,成为世界上首位实现太空飞行的女宇航员。"东方 6 号"在太空中飞行了 70 小时 40 分钟 49 秒,这一段时间的路程是她一直难以忘记的美妙、惊险的记忆。本该是降落的时候,飞船却往上升,是她及时发现并请示地面控制中心,飞船才得以正常降落。

2003 年瓦莲京娜·捷列什科娃访华时这样说道:"太空不会因为你是女性而予以优待,工作环境和男性完全一样,非常艰苦。必须随时做好准备以备不时之需。"她的这番话让我们不禁为女宇航员们这种巾帼不让须眉的气概感叹称赞!

虽然人类已经具备了一些条件保障宇航员的人身安全，也利用动物实验将危险的可能降到最低，但航行太空的危险还是无法完全避免。探险家们在太空中探险，有时甚至要付出生命的代价。

1967 年 4 月 24 日，一艘飞船高速飞向地球，重重地砸在地面上。巨大的冲击力引起爆炸，熔化的金属不断滴落在附近地面上。搜救队迅速赶来，但是在飞船残骸中没有发现生命迹象，操作这艘飞船的前苏联航天员弗拉基米尔·米哈伊洛维奇·科马洛夫只留下部分骸骨。

科马洛夫 1927 年 3 月 16 日出生在莫斯科，1949 年毕业于军事飞行员学校，1959 年毕业于空军工程学院。科马洛夫第一次参加航天飞行是在 1964 年 10 月，为了研究太空因素对人体的影响。1967 年 4 月 23 日，科马洛夫乘坐"联盟 1 号"飞船再次升空。按照预定时间，在飞行 19 圈之后应该实施着陆。此刻，两种自动定向系统都失灵了，唯一可行的只有手动定向。由于认为实际操作中不可能会遇到这样的情况，训练时根本没有手动定向方面的训练。他必须依靠自己的经验实施着陆。此时前苏联总理通过电话给他鼓劲，但大家对他能否安全归来并不抱太大希望。然而，出乎意料的是，在紧急情况下，科马洛夫准确地完成了各项操作。

正当大家欢呼雀跃时，突然发现飞船着陆时将偏离预定降落地点。搜救人员紧急到达预定地点周围几百千米处待命。当大家满怀期待时，意外事故发生了。原来，降落过程中本该打开的降落伞没能够弹出，无法减速，导致飞船降落速度过快。尽管太空探险的危险无法完全避免，但那些殒身于探险历程中的先驱者们的精神在激励着后来者前仆后继地探索宇宙的奥秘，人类并没有因为探险旅程中付出的代价而停下探险的脚步！

91

在众多太空探险家中，有一位女性显得格外特别，因为从没有人像她一样在航空、航天两个领域都做出了令人艳羡的成就。她就是第一位在太空行走的斯韦特兰娜·萨维茨卡娅，世界上继瓦莲京娜·捷列什科娃之后的第二位女宇航员。

斯韦特兰娜·萨维茨卡娅 1948 年出生在飞行世家，她的父亲是功勋卓著的飞行传奇、前苏联空军元帅叶夫根尼·雅科夫列维奇·萨维茨基。受到家庭的良好影响，斯韦特兰娜·萨维茨卡娅从小就立志当飞行员，刻苦的训练让她获得了不同层次的成功：16 岁时就创造了 3 项世界纪录，完成了 450 次跳伞；大学二年级时，就能驾驶"雅克 18"飞机飞行；24 岁时，就拿到了 20 种不同类型飞机的驾驶执照；27 岁时，打破了美国女飞行员科克兰保持了 11 年的最快飞行速度纪录，时速达 2683 千米；1977 年，29 岁的她又创造了水平飞行最大高度的纪录，驾驶飞机上升至 21209.90 米。

斯韦特兰娜·萨维茨卡娅并没有满足在天空中取得的成绩，她认为向太空挑战才足以展现她的才华。1984 年 7 月 25 日，萨维茨卡娅开始她的又一项挑战，外太空行走，并进行新型万能手工工具实验。走出"礼炮 7 号"飞船，斯韦特兰娜·萨维茨卡娅将双脚固定在一个踏板上，拿出工具开始实验，她要完成金属切割、焊接、喷漆等工作。在地球上，这样的工作非常简单，但是在外太空，却非常艰难。3 个小时 39 分钟的作业之后，她的体重减轻了 3 千克。

1884 年 7 月 29 日，斯韦特兰娜·萨维茨卡娅安全返回地面。

太空条件跟地球上面不同，尤其是失重问题最难克服，对于宇航员的身体伤害也最大。以前宇航员在太空中时间不长，人们不知道失重的后果，导致很多宇航员患上"失重"症后只得中断探险，提前返回。为了了解失重对人体的影响和解决的方法，宇航员在太空中逗留的时间越来越长。

1995年3月22日，宇航员波利亚科夫创造了新的世界纪录，在太空中停留了14个半月，是人类单次太空停留时间最久的探险家。波利亚科夫是一位医学博士，早在他第一次来到太空时就在"和平"站上工作了169天。为了弄清楚太空条件对人体的影响，并寻找克服这一难题的办法，他又一次来到"和平"站工作。波利亚科夫在太空中的400多天，并不是轻松惬意的，他每天要工作15个小时。"和平"号上的宇航员来了又走，波利亚科夫却坚定地生活在那里。每当空间站遇到紧急情况时，人们首先想到的就是老资历的波利亚科夫，因为他最有经验，临危不惧，非常镇定。

在空间站工作437天18个小时之后，波利亚科夫安全返回地面。人们看到他时非常惊讶。一般宇航员在太空生活几个月返回都非常虚弱，要一个多月才能恢复健康，而他第二天就优哉游哉地在湖边散步了。幽默风趣的波利亚科夫坦诚自己在空间站生活后改掉了很多坏习惯，如好发牢骚、粗心大意等。遗憾的是，在空间站的长期禁烟却没有让他把烟瘾戒掉。

## A82. 在外太空累计生活最久的人待了多长时间？

太空探险不是一个轻松活儿，有的探险家去过一次就悄悄隐退了，而有的探险家却屡次上天。其中在外太空累计生活最久的人是谢尔盖·康斯坦丁诺维奇·克里卡列夫，累计在太空生活了803天9小时39分钟。

克里卡列夫1958年8月27日出生在列宁格勒，1981年从列宁格勒机械学院毕业。毕业后在航天集团工作，参与测试飞行设备和地面工作，1985年曾参与拯救礼炮7号空间站的工作，开发控制程序。同年被选为宇航员，开始训练，步入航天生涯。1988年11月26日，克里卡列夫乘坐宇宙飞船来到和平号空间站安装新模块，在太空中工作了115天。这是他的第一次太空探险。1991年5月18日，克里卡列夫和沃尔科夫一同前往和平号空间站。1992年3月17日，第三次升空的克里卡列夫返回时国籍由苏联变成了俄罗斯。1994年，美俄首次联手，同往太空探险。克里卡列夫乘坐美国"发现号"升空，成了第一个乘坐美国的航天飞机的俄罗斯人。1998年12月4日，克里卡列夫第五次升空，负责组装第一个国际空间站，同时成为第一个进入国际空间站的宇航员。2000年10月31日，克里卡列夫成了国际空间站第一批常驻人员，在太空生活了142天后返回。这是他最后一次太空之旅。自此，他在太空停留时间累计达到803天9小时39分钟，创造了新的世界纪录。

克里卡列夫完成最后一次太空之旅后正式退休，但并没有离开航天事业，担任宇航员培训中心的主管，以这样的方式继续参与航天事业。

太空的探险中，怎么能够少了华夏儿女的身影？新中国成立初期，中国的科学技术水平还不够高，但是随着中国的不断发展和日益强大，科技进步也是飞速向前。中国的太空探险虽然起步较晚，但是发展很快。进入新世纪之后，中国航天事业也有了划时代的进步，太空中头一次出现了中国宇航员的身影。他就是杨利伟。

在杨利伟之前，曾有四位美籍华裔宇航员进入太空，但杨利伟是第一个进入太空的中国公民。2003 年 10 月 15 日，杨利伟乘坐"长征二号"火箭运载的"神舟五号"飞船进入太空。他的名字一下红遍大江南北，这个朴实的中国宇航员成了众人瞩目的焦点。杨利伟，1965 年 6 月 21 日出生在辽宁省葫芦岛市一个书香门第。杨利伟自小文弱内向，父亲就常带他爬山以锻炼他的品格。从此，杨利伟对于探险的情趣有增无减。他曾经告诉爸爸自己的理想是当一名火车司机，没想到长大后他成了中国第一位进入太空的宇航员。1983 年，18 岁的杨利伟通过严格选拔，成了中国人民解放军空军飞行学院的学生。1995 年，中国载人航天工程从现役飞行员中选拔预备航天员。选拔程序要经过四关，进行最初的筛选时符合条件的有 1500 多人，最后经过层层选拔从中挑选出了 12 名宇航员。杨利伟就是其中一员，跟他同批的还有后来的宇航员聂海胜和景海鹏。2003 年 7 月，杨利伟顺利通过评定，当年 10 月杨利伟以一个标准的军礼向地面告别，乘坐"神舟五号"飞船飞向太空。飞行第七圈时，他向太空展示了中国国旗和联合国国旗。

21 小时之后，杨利伟顺利返航。他的太空飞行，圆了中华民族几千年来的飞天梦。

中国的航天技术发展迅速，当第一位中国宇航员出舱在太空中活动时，中国航天事业又进入一个新阶段。那位迈出中国航天史上极具重要意义的一步的宇航员，就是翟志刚。

翟志刚 1966 年出生在黑龙江省，父亲成年卧病在床，全家只靠母亲一人支撑，家庭生活困难。母亲大字不识，却也有着让孩子坚持受教育的执着，靠着卖炒瓜子供几个孩子读书。在矢志不渝的努力下，翟志刚一步步接近梦想。他 1985 年进入空军第三飞行学院学习，1996 年在 1000 多个候选人中脱颖而出，经过两年的训练，1998 年成为中国首批宇航员。参加训练的两年，他非常刻苦，从来没有在晚上 12 点之前睡过觉。为"神舟五号"选拔宇航员时，他是备选的前三名，最终杨利伟被选中，他与乘飞船升空擦肩而过。2005 年，"神舟六号"飞船升空计划中他是飞行六人组的成员，这次他再次与梦想失之交臂。但是翟志刚并没有丧失信心，也没有觉得两次落选是对他的打击，而是照常积极准备，等待着后面的出征。他曾这样说过："如果"神七"还是与我擦肩而过的话，我还是要继续努力。"天道酬勤，2008 年"神舟七号"飞船的飞行任务交到他手上，这次他一展风采的时刻到了。2008 年 9 月 27 日 16 点 35 分，神七舱门开启，太空向他展示出宽广无垠的怀抱，翟志刚用安全绳将自己悬挂在飞船舱门扶手上，整个人飘出飞船。这时，飞船正好处在祖国上空，他让世界人民看到了中国宇航员的风采。

距离第一次进入太空行走的前苏联人列昂诺夫，翟志刚的太空漫步晚了 43 年。不过，这一步表明了中国是世界上第三个独立掌握空间出舱技术的国家。

目前太空探险中不乏女太空人的身影,迄今为止,世界上曾经进入太空的女宇航员共57名,约占进入太空的宇航员总数的十分之一。其中美国的女宇航员有46人,苏联则有3人,加拿大、日本各有2人,法国、英国、韩国各有1人。中国的女宇航员刘洋也是其中之一。

1978年10月,刘洋出生在河南省郑州市的一个普通工薪家庭。1997年,空军第一次在河南招生,19岁的刘洋被录取到长春第一飞行学院。刘洋是独生女,但是从不娇气。刚刚入校时,她身体素质比较差,锻炼时亦比较辛苦,但她还是咬牙坚持下来了。2010年5月,刘洋入选中国第一批女宇航员,开始接受太空飞行训练。训练时各项科目的要求都非常严格,她跟男队员一样接受训练,没有性别差异,从不拿性别当借口。在航天城的两年,她从没有出门逛过街,而是把所有时间都用在训练上面。柔中带刚的刘洋既能临危不惧、表现不凡,也能在训练之余表现出女性的温柔。对待战友都是礼让为先,很有团队精神和协作意识。

2012年6月16日,刘洋和另外两位男宇航员景海鹏、刘旺一起搭乘"神舟九号"飞船进入太空,在太空中度过了难忘的8天时间。在太空中她的状态非常好,还在失重的情况下,体验太空自行车,进行抽吸冷凝水的实验。在她值晚班时,还给"天宫一号"来了一次大扫除,拿着白抹布飘到"天宫一号"上部擦拭舱壁。

在太空中锻炼时,刘洋还展示了一个太空筋斗。可以看出她非常适应太空环境,各项指标良好,这跟她在地面的刻苦训练是分不开的。

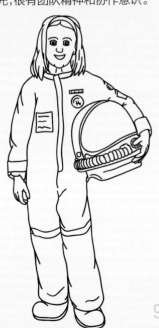

我们常被探险家们英勇进取、勇于奉献的精神打动。随着时代的发展，现代探险活动逐渐和高科技紧密结合起来，无论是常用的探险技巧还是探险装备都有了新变化。一方面，专业探险活动更加专业，更加细致，要求更高；另一方面，探险更具娱乐性，探险活动不再只是探险家们的专利，已走向平民化。只要有意愿，有技术，有准备，我们每个人都能成为探险家。探险家们的探险需要有什么准备？他们的装备有什么独特之处？他们是如何运用各种知识为自己的探险活动增加砝码的？他们单枪匹马与自然融为一体，积累了怎样的野外生存知识？我们可以从他们那里学到什么技巧呢？看到这里，你是不是心动了？那就让我们跟探险家一起学习探险，进入探险的奇妙旅程吧！

第六章

# 跟现代探险家学探险

## A86. 探险家出行前要做什么样的健身训练？

现代探险家出行，或者是登山攀岩，或者是溯溪漂流，或者是探洞，各种野外生存的本领必不可少。大自然瞬息万变，探险家在探险过程中风餐露宿也是正常。这一切都需要一个好身体和良好的体能，所以成功的探险家出行前就会做好身体准备，进行健身训练。

健身训练根据不同的探险活动有不同的特点。如果是进行登山探险，则需要提高心肺功能。攀岩，则需要锻炼自己的上下肢力量。遇到滑锁等，则需要掌握身体的灵活性和平衡能力。出行可能遇到不同种类的情况，出行前的健身训练就要掌握多种技能技巧，体能、耐力、力量、灵敏、柔韧、速度等各种训练都要有所涉猎。训练时，要应用多种训练方法，如重复训练法、持续训练法、间歇训练法、变换训练法和综合训练法等。这些方法的使用根据探险家的训练内容而定，可以综合以上各种方法，直到找到适合自己的方法。在健身训练时，还要制订一定的训练计划，按照时间长短可以分为年度训练计划、阶段训练计划、周训练计划和课训练计划。计划一旦制订，就要按照计划进行，以防止自己偷懒，做到有始有终。合理的计划是探险计划得以顺利实现的保证，计划要适合自己的能力，不能好高骛远。

探险家出行一定要有准备而行，没有充足的准备，轻则中断探险，重则丢掉生命。尤其是健身训练要扎实，才能享受探险带来的乐趣。

探险家在外探险，遇到的环境非常复杂，对着装的要求也很高。探险家一般出行所带的衣服与平日穿着不同，基本要求是要分层，即由外而内要穿不同质地的衣服，以应对多变的温度、天气状况。

先说外衣，探险家最喜欢穿的衣服是"冲锋衣"。"冲锋衣"是指向峰顶冲锋时所穿的衣服，主要具有防水、防风、透气等特点。面料上，冲锋衣外面通常涂有防水层，和消防水带衬里所涂的材料一致，这样就可以达到防水的效果，以保证穿着的人能更好地应对恶劣的天气状况。在衣服的针脚和接缝处，进行高温压胶处理，进一步防止进水。

中间层是保暖衣。多层衣服可形成空气层，有助于隔热，将身体与外面的冷空气隔离开来，从而起到保暖作用。保暖衣的用料有人工材料和天然材料之别。人工材料有抓绒，天然材料有羽绒之类。

里面穿的内衣，也有良好的性能要求，不能穿着平日吸汗的纯棉内衣。在外面，探险家活动量大，容易出汗。纯棉内衣会吸收大量的汗水，汗水蒸发会让人感到寒冷。所以应选择能让身体保持干爽的速干内衣。这种速干材料大多是人工合成的化纤面料，吸水性不高，透气性不错。即便全部湿透，速干衣半个小时左右也能变干。

探险家出行时通常采用三层着装，是为了保持身体的温度，过热、过冷都不行。根据气温情况，天气热可以脱掉中间层，天气冷可以多添加中间层的层数。而我们平日里穿的衣物如牛仔裤之类，其实不适合于外出探险穿着，应该避免。

## A88. 探险家出行对背包有什么要求？

**探**险家出行，背包是最重要、最基本的装备。无论是何种探险，探险所需的工具、生存必备用品等大量用品都要放在背包里面。探险家的背包承载了太多，关乎探险活动的成败，甚至是探险家的生命。那么，探险家对背包会有什么样的要求呢？

背包材质要求有承重高、耐磨、防撕裂、重量轻等特点，背包卡扣等部件则要防冻防砸，能耐高温。制作工艺方面也有要求。制作时背包承重的位置用缝线回针车缝三次，使得受力位置坚固耐用。

装填背包之前，一定要做好物品区分，必需的东西一定要带，可带可不带的东西尽量不带。要知道，长时间的外出探险中，多一点重量都会让人觉得重似千金，所以不要让无关紧要的物品拖累行程。

要求更高的是背包的装填方法。背包装填时，应先装轻物品，如睡袋、衣物等；重物品则应放在最上面。这样装填好的背包相对平衡，相对不容易使背负者感到很累。装填时，物品应注意分类，而且要方便取用，需要的时候能够方便快捷地取出。为了防止雨水进入，甚至可以考虑先用塑料袋包裹好物品再进行装填。

在探险过程中，还应当注意背包的使用方式。行程较长时，要将腰带拉紧，让臀的上部承受最重的力，并且身体前倾，上肢处在灵活的状态，遇到紧急情况方便快速及时处理。休息时，也要注意把背包密封好，防止小动物进入背包。在外宿营时，别忘了给背包罩上防水布，防止背包受潮。

 A89. 探险家野外露营怎么睡？

晚上睡眠不好，会影响到白天的探险活动，良好的睡眠可以帮助恢复白天的体力损耗。我们在家都是睡在温馨的床上，可是探险家在野外，不可能自己带着床和被子，他们怎么睡觉呢？没错，他们睡在"被子"和"褥子"的结合体——睡袋里。野外睡觉，一个合适的睡袋就能解决被子和褥子的问题，能为探险家提供安全、温暖的睡眠条件。睡袋根据不同分类标准，可以分为不同种类。

根据容量，可以分为单人睡袋和双人睡袋；根据材质，可以分为棉睡袋、人造棉睡袋和羽绒睡袋。棉睡袋和人造棉睡袋多为三季用睡袋，特点是防潮、轻便。潮湿环境中较适宜选择人造棉睡袋。而要选择冬季用的睡袋，羽绒睡袋则比较合适，隔热保温效果好。但是必须保持睡袋的干燥，一旦潮湿很难晾干。

根据款式，可以分为收缩睡袋和拉链式睡袋；根据外形，可以分为玛咪式睡袋、信封式睡袋和啤酒桶式睡袋。玛咪式睡袋能够取得最好的保暖效果，适合寒冷的冬季；信封式睡袋比较宽大，适合夏季使用，且宜于身体较胖的人使用；啤酒桶式睡袋又被称为"蚕茧式"睡袋，综合了前两种睡袋的优点。

选择营地时，不要选择谷地，避免睡袋受潮严重，且最好配合使用防潮垫。寒冷环境下睡眠时，尽量不要穿着外套，只穿内衣可以睡得更为舒适。

长时间不用的睡袋，一定要保持蓬松，经常晾晒，以延长其使用寿命。

A90. 探险家常备的登山鞋是什么样的?

**随**着科学技术的进步，探险装备越来越多样化，分类也越来越细化。就连探险家脚上的鞋子，都有不同的种类。他们都会使用什么样的鞋子？这些鞋子都有什么样的功能呢？

探险家户外运动所穿着的鞋子，根据功能和用途不同，可以分为三类：高山靴、登山鞋和轻型登山鞋。

高山靴是针对高海拔登山，应对较为恶劣的环境而设计的登山装备。这种鞋比较重，穿上去非常暖和，也比较结实，坚固耐磨，不足之处是柔软性较差。高山靴有内、外两层，内层保温隔热，外层则防水防风。高山靴外层还可以配装冰爪和滑雪板。有了这样的高山靴，可以保证探险家在 −40℃ 的环境里不被冻伤脚部。

登山鞋适用于较低海拔，适合探险者长途徒步穿越时穿着。这种登山鞋也是很重，鞋底很厚，底面有深深的纹路，可以防止穿着者滑倒。鞋帮较高，行走时可以保护脚踝，在崎岖不平的山路上尤为适合。鞋面内衬防水透气，舒适度较高。

轻型登山鞋，在距离不远、海拔不高、路面平整的地方比较适合，比前面两类鞋子都舒服，也具有防水功能。这种鞋比普通运动鞋更适合长距离户外探险，对脚的保护作用更显著。

这三种登山鞋，是探险家户外运动时常备的装备。普通的运动鞋虽然也比较舒适，但不适合长距离的探险活动，更不用提其他鞋子了。当然这些只是一类，在专门的探险中，还有相应配套的鞋子，如攀岩鞋、溯溪鞋等。

**高**山探险家在攀岩时会使用一些特殊的技术。根据攀岩时运用的登山技术装备和岩石特点，可将攀岩技术分为徒手攀登法、利用器械攀登法、双人结组攀登法、攀登裂缝法等。

徒手攀登时，探险者的双手双脚构成人体四个支撑点，移动一个手或者一个脚时，另外三个点固定状态，保持平衡，即采用"三点固定法"。在攀岩时，不能离岩壁太近，这样会看不到整个行程，从而无法选择合适的路线，保持一定距离，可以避免碰到岩壁，有利于保持体力。徒手攀登过程中，身体要自然放松，上下协调。

利用器械攀登，由于选择工具不同，又可分为上升器攀登法、抓结攀登法、缘绳攀登法等。上升器攀登法是借助上升器，将身体和双脚连接到上升器上，进行攀登。抓结攀登法就是利用绳索打结，手抓绳结向上攀登。缘绳攀登法适合岩壁坡度小于 90 度的情况。在岩石顶部固定好主绳，双手抓绳，双脚登壁，手脚配合，向上攀登。

双人结组攀登法就是两个人相互配合，按双人结组装置进行连接，前攀登者保护后攀登者安全上升，当后者赶上并超过前者时，应当交换角色，变成保护者。这样双方交替充当保护者，直至升到顶部。

攀登裂缝法是攀登裂缝时根据裂缝的宽度选择立式攀登、箭式攀登、坐式攀登和跪式攀登等。根据石峰的大小，要变换手势和脚法，协同完成上升。

无论使用什么种类的攀登方法，都要注意尽量节省手的力量，控制好重心，调节呼吸。攀登时要注意合理休息，不打疲劳战。

## Ag2.探险家野外如何判定方向？

**探**险家野外可能会遇到多种情况，迷失方向是最常见的。除了借助于现代仪器和指南针辨别方向外，他们还掌握了一些利用自然现象判定方向的方法。没有仪器还能判定方向，是不是很神奇？让我们看看他们到底是怎么做到的。

在北半球可以根据积雪判断方向。冬季，如果是在雪后，可以寻找较为突出的地方，如土堤、树桩等，雪比较厚实或没有完全融化的一侧，通常指向北方。

根据树木判断方向。在开阔地，南边的树枝因为得到充足阳光长势茂盛，北面的则相对稀疏，北面的树皮也比南面粗糙。如果可以看到树干的年轮，相对紧密的一边通常是光照较少而朝向北方的。

可以结合太阳的位置和手表的时间判定方向。在北半球，太阳一般6点时在东方，12点时在南方，18点时在西方。当有太阳时，垂直立一根杆子在地面，杆子会出现影子，标记影子末端的位置。过一段时间再标出影子末端的位置。把这两个影子的末端点连成线，即为东西方向。将手表平放，使手表的时针对准太阳的方向，时针与表面数字"12"之间的夹角平分线所指的方向就是南方。

夜晚可以借助于北极星来判定方向。北极星是一颗比较亮的恒星，在太空的正北方。人面向北极星，背后是南方，右手指向东方，左手指向西方。

这些常用的判定方向的小知识，都是比较实用的。不要看它简单，必要时甚至能够救人一命。探险家在没有仪器的时候，就是利用这些自然特征判定方向的。

**探**险家在野外探险，掌握天气情况是做好探险计划的前提。除了收听天气预报之外，还可以根据天上云的形状及变化来识别。中国的劳动人民根据长时期的经验积累，掌握了很多看云识天气的知识，探险家也是利用这些知识识别天气的。

根据云彩的运动方向，可以预测阴晴。"云往东，车马通；云往南，水涨潭；云往西，披蓑衣；云往北，好晒麦。"也就是说，云往东、北移动，天气将晴好；云向西、南移动，预示着会有降雨。

如傍晚日落时出现夕阳，那么未来的 10 小时内天气都会良好；如果这 10 小时天气一直很好，那么第二天也会是一个好天气。如果傍晚没有夕阳，云层很厚，在未来的 10 个小时内还出现过降雨，那么第二天也一定会是阴雨天。

如果云彩从薄云变成条形，越来越厚，离地面越来越近，那就是下雨的征兆。如果云层上下移动方向不一致，就会出现"逆风行云，天要变"的情况。出现棉花形状的云彩，说明大气层不稳定，会积累成降雨云，也会有雷雨降临。"天上钩钩云，地下雨淋淋"，出现卷边的云彩，像钩子一样，是下雨的前兆；与之相反的是"钩钩云消散，晴天多干旱"，讲的就是钩钩云在雨后或者冬天出现的话，就预示着晴天或者霜冻将要出现了。

根据云彩辨识天气，需要长时间的经验积累。只有善于观察自然，不间断地积累知识，才能做到准确无误地判定天气状况，安排好探险计划。

## A94. 探险家野外如何生火？

火 对于探险家的野外探险活动有举足轻重的作用，有了火才可以取暖、烘干、做饭，甚至驱散野兽。遇到紧急情况时，还可以利用火来发出求救信号。所以，探险家必须掌握的一项技能就是生火。那么，探险家在野外是如何生火的？

野外生火应该就地取材，可以使用干草、干树枝，甚至是干透的牛羊粪便做燃料。生火前要准备好火绒，或者是干木片、纸、绒团等引火的物品。如果遇到强风天气，火柴容易被吹灭，生火时一定注意防风，最好利用现存的坑、地沟等处，以保护火苗不被吹灭。如果找不到这样的地方，就把砖块、泥块等垒起来，或者自己挖坑来保证防风效果。

遇到下雨天，燃料潮湿不易点着。这时，可以利用塑料布、带树叶的树枝等工具来遮雨。同时找好干料，可以的话喷一些汽油也可以让柴火更容易着。如果当时在水上，不能上岸生火，就要用木桩打进水下，上面放好金属平板，再在上面生火。如果碰到下雪天，就要和在水面上一样，用砖块、石头、木板、金属板等将雪与柴分开，否则不容易点着火。点火时要注意场所的选择，不宜在易燃物旁边生火，以免造成火灾。添加柴火时，一定要让木柴间留好缝隙，让氧气充分进入，使得燃烧更充分。

如果没有带火柴、打火机等火种，就要考虑其他方式。比如使用原始的钻木取火方法，或者利用放大镜聚焦产生热量生火。这样操作起来会比较费力，所以探险前收拾行李时，一定要记得带上火种。

水是生命之源，没有水就没有生命的存在。人在没有食物的情况下，可以生存几周，可是没有水，人就只能生存几天。野外探险更是不能缺少水的供给，获得饮水就成了举足轻重的大问题。那么，探险家是如何获得饮水的呢？

植物是水存在的重要线索。在干旱的沙漠中，如发现红柳、铃铛刺等灌木类，水在地下六七米；若是胡杨林，水在地下 5 ~ 10 米；芨芨草，水在地下 2 米左右；芦苇，水在地下只有 1 米左右。在南方，竹子喜湿，茂盛竹林通常靠近水源，或是能够找到地下水。另外，还可以在植物身上提取水，沙漠中的仙人掌汁液，丛林里的树皮或树叶挤压都能得到。在一些藤状植物的管道中储存的也有水，可以用刀砍断底部树藤，让储存的水流出。

还有一些水，是在自然中变相存在的。比如冰雪，取用下层的冰雪煮开就能成为干净的水。碰到雨天，可以用防水布或者小罐子等接收，能够直接饮用。但是不要将防水布或者小罐子等放到地面上，雨水溅出的泥土会落到容器中。有些早上凝结在树叶上面的露水也是非常好的饮用水。

如果找不到干净水，可以找到一些水的短暂替代品。紧急情况下，人畜的尿液、动物血液等都可以暂时延缓人体缺水。如果遇到不太洁净的水源，水中的寄生物可能会让人得病，不能直接饮用，但可以加热煮开饮用。或者用沙子、石块等过滤一下，比直接饮用要好。

总之，探险家们会选择合适的方法来饮水，以满足人体对水的需求。

A96. 探险家野外用什么信号求救？

在野外探险可能会遇到各种各样的危险，如果危险不是个人能够解决的，就应该向他人求救。求救信号必须清晰，才能让救援人员看到；而且必须是通用的，才能让救援人员知道是求救的意思。我们来看看探险家都会用什么信号来求救。

国际通用的求救信号是 SOS，这是广为人知的求救标志。无论说什么语言的人都能看懂其中蕴含的求救意思。这种信号可以是多种形式，比如画在地面上，或用无线电发出，或通过手势和光束。重复三次的行动都可以理解为是求救的意思。比如发出三次电灯光束，但是每次都要间隔相等时间，如 1 分钟。类似的还可以点三堆火，制造三股烟，也可以发出三声口哨声或者呼喊，要求每组信号都间隔相同的时间。

制造火堆信号时注意点火的时间，一定要在有可能被发现的时候再点，因为火不可能一直燃烧，所以要抓住合适的机会。在沙漠中可以利用反光镜，这样的反射光不会同其他光弄混，且能够联络的距离也可以足够远。当然还可以用一些特殊的光亮物品代替反光镜，如罐头盖、金属片、衣服装饰等。还可以在开阔的场所，在地面上摆放鲜艳的标志。

在探险活动中，遇险是常有的情况，所以出行前要带好相应的准备物品，如一些联络器材，以使获得救援的可能性大大增加。

# B本答案

| | | | |
|---|---|---|---|
| A1. CBB | A26. ACB | A51. ABA | A76. BAA |
| A2. CBA | A27. BAC | A52. ABB | A77. BCA |
| A3. CBC | A28. BAA | A53. BCB | A78. AAB |
| A4. BAB | A29. BCB | A54. ABA | A79. CAC |
| A5. CAA | A30. BCC | A55. BAB | A80. BAB |
| A6. BCA | A31. AAB | A56. BBC | A81. CCA |
| A7. CAB | A32. BBA | A57. BAC | A82. BAA |
| A8. ABA | A33. ABA | A58. BAC | A83. ACB |
| A9. ABB | A34. BBC | A59. CAC | A84. BBC |
| A10. BCC | A35. BBC | A60. ACC | A85. ACC |
| A11. CBB | A36. CAC | A61. CAA | A86. ACC |
| A12. BBA | A37. AAB | A62. BAB | A87. CAB |
| A13. ABC | A38. ABB | A63. AAC | A88. BBA |
| A14. ACA | A39. BAB | A64. BCC | A89. CBB |
| A15. BAC | A40. BAC | A65. ABB | A90. ACB |
| A16. BBB | A41. CBA | A66. BAC | A91. CAA |
| A17. BCA | A42. AAA | A67. CBA | A92. AAA |
| A18. BCB | A43. CAB | A68. ACB | A93. ABC |
| A19. CBC | A44. BAC | A69. CAA | A94. CAC |
| A20. BCA | A45. ACC | A70. BCA | A95. CBA |
| A21. ABC | A46. CBC | A71. BAA | A96. AAB |
| A22. ACB | A47. ABA | A72. CBB | |
| A23. ABA | A48. ACA | A73. BAA | |
| A24. ACA | A49. CBA | A74. AAC | |
| A25. AAC | A50. ABB | A75. BBC | |

# 指尖探索 · 科学

www.zjtansuo.com

家长、教师、学生协同参与的网络学习和管理系统
趣味、互动、丰富

领先的数字教育产品
独特的网络教育理念

用网络实现辅助教育
探究、快乐、赏识、个性

精准的问测学习路径
简便的竞争合作模式
即时的奖评激励体系
丰富的课外学习资源

指尖上的探索

指尖上的探索